普通高等教育软件工程类"十三五"规划教材

计算机应用能力实验指导

张化川　主　编

王江涛　黄　沄　副主编

科学出版社

北　京

内 容 简 介

本书共 12 章，内容包括认识计算机硬件、软件系统，Windows 操作系统，Word 2010、Excel 2010、PowerPoint 2010、Access 2010 办公软件应用，Excel 2010 VBA 基本操作，Linux 系统安装与使用等，并为每部分内容设计了基础实验以及拓展延伸实验。

本书不仅可作为高等院校非计算机专业大学计算机基础课程的实验教材，也可作为计算机大类专业计算机应用能力培养实践教材，还可适用于参加 OSTA 办公软件应用考试、计算机等级考试一级（上机）人员认证辅导书。

图书在版编目（CIP）数据

计算机应用能力实验指导/张化川主编. —北京：科学出版社，2017.7
ISBN 978-7-03-053902-1

Ⅰ.①计… Ⅱ.①张… Ⅲ.①电子计算机–高等学校–教学参考资料
Ⅳ.①TP3

中国版本图书馆 CIP 数据核字（2017）第 153542 号

责任编辑：张 展 李小锐／责任校对：韩雨舟
责任印制：罗 科／封面设计：墨创文化

科学出版社 出版

北京东黄城根北街 16 号
邮政编码：100717
http://www.sciencep.com

成都锦瑞印刷有限责任公司印刷
科学出版社发行 各地新华书店经销
*

2017 年 7 月第 一 版 开本：16（787×1092）
2017 年 7 月第一次印刷 印张：14.75
字数：340 千字
定价：46.00 元
（如有印装质量问题，我社负责调换）

前　言

本书根据教育部高等学校非计算机专业计算机基础课程教学指导分委员会关于大学计算机基础课程实践能力培养指导意见，并参照人力资源和社会保障部职业技能鉴定中心全国计算机信息高新技术考试《办公软件应用》考试大纲，结合编者所在学校计算机应用能力培养多年教学改革实践与经验，编写该实验指导书。

全书共 12 章。第 1 章为认识计算机系统，介绍计算机冯·诺依曼体系结构以及认识计算机硬件、软件系统，然后设置微型计算机的拆卸、组装以及操作系统和常用软件安装等实验。

第 2 章为 Windows 操作系统，介绍 Windows 的基本操作，文件文件夹操作、Windows 中软件、硬件资源管理方法，然后设置定制 Windows 工作环境、文件与文件夹管理、配置安全策略等实验。

第 3~6 章为 Word 2010 文档操作部分，介绍指法练习及正确击键姿势、Word 中录入文档操作、Word 中格式设置与编排、Word 中表格设置及 Word 文档的版面设置、Word 中邮件合并等内容，然后设置键盘操作与指法练习、Word 格式与版式设置、表格制作、邮件合并等实验。

第 7 和 8 章介绍 Excel 2010 工作簿的基本操作，工作表格式化，公式与图标应用，以及排序、筛选、分类汇总、合并计算及数据透视表等统计分析工具，然后设置电子表格工作簿操作、数据处理等实验。

第 9 章为演示文稿制作，介绍 PowerPoint 2010 中制作演示文稿的基本方法，以及如何为幻灯片添加动画效果等内容，然后设置创建演示文稿、母版制作、动画设置等实验。

第 10 章为 Access 操作，介绍在 Access 2010 中创建数据库以及数据库表操作相关内容，并设置配套实验。

第 11 和 12 章为 VBA 编程，介绍在 Excel 2010 VBA 基本操作，并设置在 VBA 中自定义函数、访问数据库、调用 API 等实验。

附录 1 介绍 VMware Workstation 的使用方法，附录 2 以 CentOS 6.2 为例介绍 Linux 系统安装与使用基本方法。

　　本书由重庆邮电大学软件工程学院张化川、王江涛，重庆邮电大学资产管理处黄沄共同编写完成。其中，黄沄编写第 1～2 章，张化川编写第 3～10 章及附录，王江涛编写第 11 和第 12 章，张化川对全书进行统稿。

　　本书编写过程中参考了国内外相关书籍和资料，在此表示感谢，同时感谢科学出版社对本书出版所给予的支持和帮助，也感谢重庆邮电大学软件工程学院钱鹰院长对本书的大力支持。

　　由于编者水平有限，如有疏漏之处，敬请各位专家、读者提供宝贵意见。

编　者

2017 年 7 月

目　　录

第1章 认识计算机系统

1.1 实验目的

(1)熟悉冯·诺依曼结构。

(2)认识计算机硬件系统，掌握微型计算机的拆卸、组装过程。

(3)认识计算机软件系统，能够熟练安装操作系统及常用软件。

1.2 内容提要

1.2.1 冯·诺依曼结构

电子计算机的问世，最重要的奠基人是英国科学家艾兰·图灵和美籍匈牙利科学家冯·诺依曼。图灵的贡献在于建立了图灵机的理论模型，奠定了人工智能的基础。而冯·诺依曼则是首先提出计算机体系结构的设想。

1946年，美籍匈牙利科学家冯·诺依曼提出存储程序原理，把程序本身当作数据来对待，程序和该程序处理的数据用同样的方式存储，并确定了存储程序计算机的五大组成部分和基本工作方法。半个多世纪以来，计算机制造技术发生了巨大变化，但冯·诺依曼体系结构仍然沿用至今，人们总是把冯·诺依曼称为"计算机鼻祖"。

根据冯·诺依曼体系结构构成的计算机，必须具有如下功能：把需要的程序和数据送至计算机；长期记忆程序、数据、中间结果及最终运算结果；完成各种算术、逻辑运算和数据传送等数据加工处理；根据需要控制程序走向，并根据指令控制机器的各部件协调操作；按照要求将处理结果输出给用户。

冯·诺依曼提出的计算机体系结构如图1-1所示，计算机由控制器、运算器、存储器、输入设备和输出设备五部分组成。

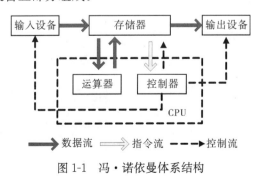

图1-1 冯·诺依曼体系结构

1. 运算器

运算器是计算机中执行各种算术和逻辑运算操作的部件。其主要功能为加、减、乘、除四则运算，与、或、非、异或等逻辑操作，以及移位、求补等操作。计算机运行时，运算器的操作和操作种类由控制器决定。运算器处理的数据来自存储器，处理后的结果数据通常送回存储器，或暂时寄存在运算器中。

2. 控制器

控制器主要由程序计数器、指令寄存器、指令译码器、时序产生器和操作控制器组成，是计算机的神经中枢和指挥中心，用来协调和指挥整个计算机系统的操作。

3. 存储器

存储器是计算机系统中的记忆设备，用来存放程序和数据。存储器具备存数和取数功能。

4. 输入/输出设备

输入/输出设备简称 I/O(input/output)设备。用户通过输入设备将程序和数据输入计算机，输出设备(output device)是计算机硬件系统的终端设备，用于接收计算机数据的输出显示、打印、声音等。常见的输入设备有键盘、鼠标、摄像头、扫描仪、光笔、手写输入板、游戏杆等，输出设备有显示器、打印机、绘图仪等。

1.2.2　计算机系统组成

计算机系统由计算机硬件和软件两部分组成。硬件包括中央处理器、存储器和外部设备等，软件是计算机的运行程序和相应的文档的总称。计算机系统的组成要素如表 1-1 所示。

表 1-1　计算机系统的组成要素

计算机系统	硬件系统	主机	中央处理器	控制器、运算器等
			主(内)存储设备	只读存储器(ROM)、随机存储器(RAM)、高速缓冲存储器(cache)
		外设	输入设备	鼠标、键盘、扫描仪、触摸屏等
			输出设备	显示器、打印机、音箱等
			辅助存储器	硬盘、光盘、U 盘、SD 闪存卡等
			其他	网卡(网络适配器)、声卡、显卡等
	软件系统	系统软件	操作系统	DOS、Windows、Linux 等
			数据库管理系统	Oracle、SQL Server 等
			程序设计语言	机器语言、汇编语言、C/C++、Java 等
		应用软件	各种文字处理软件(搜狗、Google 拼音输入法、Word、WPS 等)、图形处理软件等	

1.2.3 计算机硬件系统

1. 中央处理器

中央处理器(central processing unit，CPU)是计算机的核心部件，包括运算器和控制器，负责各项运算和控制，被称为计算机的"大脑"。

现在市面上主流的 CPU 生产厂商有 Intel 和 AMD 两大公司，图 1-2 和图 1-3 为 CPU 外观。

图 1-2　Intel CPU 外观　　　　图 1-3　AMD CPU 外观

选购指南：在选择 CPU 时，主要参考的因素有品牌、主频、核心数、接口类型等。

Intel 的产品以高品质著称，发热量小，但价格相对同类产品较高。AMD 的产品性价比较高，支持超频，深受 DIY 玩家青睐。

CPU 主频也称为时钟频率，以 Hz 为单位，用来衡量 CPU 的运算速度；除主频外，还有外频和倍频，且满足主频＝外频×倍频；现在的主频都很高，常以 GHz 计。

现在主流的 CPU 按核心数可分为双核、三核、四核、六核、八核。双核是指在一个处理器上集成两个运算核心，从而提高计算能力；核心越多，越有利于计算机同时完成多个任务。

Intel 公司主流的 CPU 接口有 LGA 775、LGA 1366 和 LGA 1156 三种。除酷睿 i7 系列采用 LGA 1366 接口，酷睿 i5 和 i3 采用 LGA 1156 外，其他多采用 LGA 775 接口。AMD 的 CPU 主要采用 FM2＋、AM3＋和 AM4 接口，FM2＋ 906 针，AM3＋ 942 针，AM4 1331 针。

2. 存储器

存储器(memory)是现代信息技术中用于保存信息的记忆设备。计算机中的存储器按用途可分为内存(主存)和外存(辅存)，也可分为外部存储器和内部存储器。内存指主板上的存储部件，用来存放当前正在执行的数据和程序，但仅用于暂时存放程序和数据，关闭电源或断电，数据会丢失。外存通常是磁性介质或光盘等，能长期保存信息。

1) 内存

内存是计算机中重要的部件之一，它是与 CPU 进行沟通的桥梁。计算机中所有程序的运行都是在内存中进行，因此，内存的性能对计算机的影响非常大。内存即内部存储器，其作用是用于暂时存放 CPU 中的运算数据，以及与硬盘等外部存储器交换数据。

不同类型的内存在传输率、工作频率、工作方式、工作电压等方面都有不同。市场上主流的内存类型有 SDRAM、DDR SDRAM(简称 DDR)。SDRAM、DDR 的差别在于: SDRAM 在一个时钟周期内只传输一次数据,它是在时钟的上升期进行数据传输;而 DDR 则在一个时钟周期内传输两次数据,它能够在时钟的上升期和下降期各传输一次数据,因此,称为双倍速率同步动态随机存储器。

DDR 内存又分为 DDR、DDR2、DDR3、DDR4 等型号,目前市面上主流的内存为 DDR3 内存条,外形如图 1-4~图 1-6 所示。

图 1-4 台式机 SDRAM 内存外观图

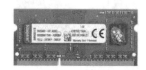

图 1-5 台式机 DDR 内存外观图　　　　图 1-6 笔记本计算机 DDR 内存外观图

选购指南:选购内存时,主要考虑的因素有品牌、类型、容量、频率、引脚数等。

(1)目前主流的内存品牌有金士顿、现代、三星等。

(2)SDRAM 与 DDR、DDR2、DDR3 区别在于前者的金手指上有两个缺口,DDR 与 DDR2、DDR3 的引脚数不同,且 DDR2 与 DDR3 的缺口位置不同。

(3)目前主流内存容量单条为 8GB、4GB、2GB。

(4)内存频率分为等效频率和工作频率(内存颗粒实际的工作频率),单位是 MHz。

(5)内存的金手指(内存条上与内存插槽间的连接部件)常见的引脚数有 SDRAM 168Pin、DDR 184Pin、DDR2 240Pin 和 DDR3 240Pin,主流为 240 Pin。

2)外存

外存是指除计算机内存及 CPU 缓存以外的储存器,此类储存器一般断电后仍然能保存数据。常见的外存有硬盘、软盘、光盘、U 盘等。下面主要介绍硬盘相关知识。

硬盘是计算机主要的存储媒介之一,由一个或多个铝制或者玻璃制的碟片组成。碟片外覆盖有铁磁性材料。硬盘有固态硬盘(SSD)、机械硬盘(HDD 传统硬盘)等,其接口类型主要有 IDE(并口)、SATA(串口)和 SCSI(多用于服务器)。

固态硬盘由于全部采用 Flash 存储介质,它内部没有机械结构,所以没有数据查找时间、延迟时间和寻道时间。而普通硬盘的机械特性严重限制了数据读取和写入的速度,计算机运行速度最大的瓶颈恰恰就是在硬盘上,所以固态硬盘的诞生恰好能解决这一瓶颈。

选购指南:选择硬盘时,主要考虑的因素有品牌、容量、接口、转速、缓存等。

(1)目前主流的硬盘品牌有 Seagate(希捷)、Western Digital(西部数据)、SAMSUNG(三星)、HITACHI(日立)等。

（2）目前机械硬盘容量有 500GB、1TB、2TB、3TB、4～6TB；固态硬盘容量有 120/128GB、240/250/256GB、480/500/512GB、960GB/1TB。

（3）主流的个人计算机(personal computer，PC)硬盘接口有 IDE 接口、SATA 接口、SATA2 接口、SATA3 接口，理论上读取速度依次提高，其外形如图 1-7 和图 1-8 所示。

图 1-7　IDE 接口硬盘外观图　　　　　图 1-8　SATA 接口硬盘外观图

（4）在选购机械硬盘时，转速理论上越快越好，常见的硬盘转速有 7200r/min、5400r/min。

（5）缓存特点为交换速度快、运算速率高，硬盘缓存是硬盘与外部总线交换数据的场所。常见的硬盘缓存有 64MB、32MB、16MB、8MB 等。

3. 输入/输出设备

输入/输出设备是计算机的外部设备之一，可以与计算机本体进行交互使用，如键盘、写字板、麦克风、音响、显示器等。因输入/输出设备众多，以下选取显示器进行介绍。显示器按工作原理分为 CRT(阴极射线管)和 LCD(液晶)两大类，目前市面上主流显示器为 LCD 显示器。CRT 和 LCD 显示器外观如图 1-9 和图 1-10 所示。

选购指南：在选购显示器时，主要考虑品牌、接口类型、尺寸、分辨率、亮度与对比度等指标。

图 1-9　CRT 显示器外观　　　　　图 1-10　LCD(液晶)显示器外观

（1）常见的显示器品牌主要有 PHILIPS(飞利浦)、SAMSUNG(三星)、DELL(戴尔)等。

（2）常见的显示器接口类型有 VGA、DVI、HDMI 等。

（3）液晶显示器按显示比例可分为标屏显示器(4∶3)和宽屏显示器(16∶9)。因为显示器的尺寸是按照显示器对角线长度来计算的，同样尺寸显示器往往宽屏显示器液晶面板面积要大，价格也更高。目前常见的液晶显示器尺寸 23/23.6/24 英寸(1 英寸＝2.54cm)、22 英寸、19 英寸。

（4）分辨率是指单位面积显示像素的数量，目前常见的液晶显示器分辨率为 2560×

1440、1920×1080、1600×900、1440×900。

(5)亮度是指画面的明亮程度，在选择显示器时并不是亮度越高越好，主要看画面亮度是否均匀。常见的液晶显示器亮度为 250cd/m²、300cd/m²。

(6)对比度是屏幕上同一点最亮时(白色)与最暗(黑色)时的亮度对比值，较高的对比度表示较高的亮度，呈现的颜色更加鲜艳。常见的液晶显示器对比度为 2000 万∶1。

4. 其他设备

1)主板

典型的主板能提供一系列接合点，提供处理器、显卡、声卡、硬盘、存储器、对外设备等设备接口，如图 1-11 所示。它们通常直接插入有关插槽，或用线路连接。芯片组(chipset)是主板的核心组成部分，几乎决定了主板的功能，进而影响到整个计算机系统性能的发挥。目前市面上主板主要分为 Intel 和 AMD 平台主板，并集成有显卡、声卡、网卡等设备。

　　　　(a)主板外观　　　　　　　　　　(b)侧面接口

图 1-11　主板外观和侧面接口图

选购指南：在选购主板时，主要考虑品牌、芯片组、接口种类、主板扩展性等技术指标。

(1)目前主流主板品牌有华硕、技嘉、微星等。

(2)主板芯片组又分为北桥芯片、南桥芯片，主要用来联系 CPU 和周边设备。能生产芯片组的厂商主要有 Intel、AMD、NVIDIA(英伟达)，在 Intel 平台上 Intel 芯片组占主要份额，在 AMD 平台上 NVIDIA 芯片组占主要份额。北桥芯片：负责与 CPU 联系并控制各种数据在北桥内的传输，在芯片组中起主导作用，在主板上离 CPU 比较近。南桥芯片：提供了对 I/O 的支持，一般离 CPU 较远，离 PCI 插槽较近。

(3)主板扩展性主要体现在是否为计算机升级提供支持。常见的升级包括内存、显卡、声卡的支持，这些都需要主板有足够的接口以及相应的兼容性提供升级支持。

2)显卡

显卡(video card，graphics card)全称显示接口卡，又称显示适配器，是计算机基本配置、重要配件之一。大部分主板集成有显卡芯片，为适应特定用户对图像处理特殊要求，不少厂家也推出独立显卡，如图 1-12 所示。

图 1-12　独立显卡外观图

选购指南：在选购独立显卡时，主要考虑品牌、显示芯片、显存、主接口类型等技术指标。

（1）目前流行的显卡品牌有七彩虹、蓝宝石、影驰、技嘉、华硕等。

（2）显示芯片是显卡的核心芯片，其主要的生产厂商有 NVIDIA、AMD 等，其中采用 NVIDIA 显示芯片的显卡主要用在 Intel 平台计算机上。NVIDIA 主流的显示芯片有 GeForce GTX 950、GeForce GTX 960、GeForce GTX 970、GeForce GTX 980、GeForce GTX 1060 等；AMD 主流的显示芯片有 RX 460、RX 470、RX 480、R9 390、R9 390X、R9 Fury 等。

（3）显存是显示内存的简称，显存的大小决定显示分辨率及色彩数，理论上显存越大，显卡显示性能越好。主流显卡的显存容量有 2GB、4GB 等。

（4）常见的显卡总线接口有 AGP、PCI-E 接口，常见的输出接口有 VGA、DVI、HDMI 等。

3）电源、机箱

机箱作为计算机配件中的一部分，它的主要作用是放置和固定各计算机配件，起到一个承托和保护的作用，如图 1-13 所示。

计算机电源是把 220V 交流电转换成直流电，并专门为计算机配件如主板、驱动器、显卡等供电的设备，是计算机各部件供电的枢纽，如图 1-14 所示。

图 1-13　计算机机箱外观图　　　　　图 1-14　计算机电源外观图

选购指南：选择机箱时，主要考虑品牌、机箱架构、机箱用料、可扩展性、散热性等因素。选择电源时，主要考虑品牌、电源类型、额定功率等因素。

（1）现在常见的机箱品牌有：酷冷至尊、金河田、航嘉、大水牛、多彩、技展、爱国者等。

（2）现在常见的机箱架构有 ATX、Micro ATX、BTX 等。不同架构的机箱支持不同类型的主板，在选择时一定要考虑主板的类型与机箱是否兼容。常见的 ATX 架构，支持现在绝大部分类型的主板，Micro ATX 是在 ATX 基础上为了节约空间而设计的，只支持主板中的小板型。

（3）现在优质机箱的用料多为镀锌钢板，它的强度高，抗腐蚀能力好，防电磁辐射的能力强，能够更好地保护机箱内的硬件。

（4）机箱的可扩展性，主要表现在 5.25 英寸光驱和硬盘位置的分布和预留数量上。

（5）机箱的散热性，主要表现在机箱设计中提供的散热风扇数量、散热孔的数量上。目前市面上出现了全封闭水冷式计算机机箱，其散热效果较好，但普遍体积过大，操作不够简单，价格较昂贵。

（6）现在常见的电源品牌有航嘉、长城、酷冷至尊、世纪之星等。

（7）电源按类型主要分为台式机电源和服务器电源，可根据实际情况选择。

（8）常见的电源额定功率有 250W、300W、350W、400W 等。

1.2.4　计算机软件系统

软件是计算机系统必不可少的组成部分。微型计算机系统的软件分为系统软件和应用软件两类。系统软件一般包括操作系统、语言编译程序、数据库管理系统。应用软件是指计算机用户为其一特定应用而开发的软件，如文字处理软件、表格处理软件、图形处理软件、财务软件等。

1. 系统软件

系统软件由一组控制计算机系统并管理其资源的程序组成，其主要功能包括启动计算机、存储、加载和执行应用程序，对文件进行排序、检索，将程序语言翻译成机器语言等。实际上系统软件可以看成用户与计算机的接口，它为应用软件和用户提供了控制、访问硬件的手段。这些功能主要由操作系统完成。

操作系统（operating system，OS）是最基本、最重要的系统软件。它负责管理计算机系统的全部软件资源和硬件资源，合理地组织计算机各部分协调工作，为用户提供操作和编程界面。

人和计算机交流信息使用的语言称为计算机语言或程序设计语言。计算机语言通常分为机器语言、汇编语言和高级语言 3 类，高级语言如 C/C++、Java 等。

数据库是按一定的方式组织起来的数据集合，它具有数据冗余度小、可共享等特点。数据库管理系统的作用是管理数据库，是有效地进行数据存储、共享和处理的工具软件。目前常用的数据库管理系统有 Oracle、SQL Server 等。

2. 应用软件

计算机应用软件是为满足用户不同领域、不同问题的应用需求而提供的那部分软件。它可以拓宽计算机系统的应用领域，放大硬件的功能。

常见的应用软件有文字处理软件、办公软件、互联网软件、多媒体软件等。

文字处理软件如搜狗、Google 拼音输入法等；办公软件如微软 Office、WPS 等；互联网软件如即时通信软件 QQ、电子邮件客户端、网页浏览器、FTP 客户端等；多媒体软件如暴风影音、千千静听等媒体播放器，Photoshop 等图像编辑软件，Adobe Audition 音频编辑软件，Adobe Premiere 视频编辑软件等。

1.3　实验任务

1.3.1　计算机的拆卸与组装

1. 实验设备及工具

安装并连接好的计算机系统一台，十字、一字螺丝刀各一把。

2. 实验内容及步骤

1）观察机箱外观

一般在机箱后可以见到一些接口，如鼠标接口、键盘接口、显示器接口、音频接口、打印机接口、串行接口、USB 接口、电源接口等。

2）打开机箱

打开机箱之前首先确认关掉计算机电源并拔掉电源插头。使用合适螺丝刀将机箱侧面或背面的螺钉拧下（有的机箱完全不用螺钉固定机箱盖，是通过卡槽固定机箱盖，只需要拉动相应卡槽装置即可取下机箱盖），接下来小心取下机箱盖。

注意：不可使用蛮力，不要挂着机箱内的连接线。触摸机箱内部件前，请释放身上静电。

3）观察机箱内部部件

机箱内的部件一般有电源、CPU、内存条、硬盘、光盘驱动器、主板和其他一些硬件。

4）分解各个部件之间的连接

将机箱内各个部件拆卸下来，轻放在实验台上，记录它们安放的位置和连线关系。被拆卸的部件主要有电源、主板、硬盘、CPU、内存等所有硬件。

5）观察主板

观察主板上 CPU 型号、PCI 总线类型、各类端口、BIOS 芯片、CMOS 电池等。

6）拆卸主板上的部件

微型计算机主板有很多种型号，但拆卸方法大多相似，先拆卸电源与主板的接口线，再取下主板 PCI 总线插槽上所有硬件卡、主板 CPU 插座上的 CPU、内存条等。

CPU 芯片一般插在零插拔力插座上，抬起 ZIF 插座手柄，即可把 CPU 从插座弹出。相反，将 CPU 芯片脚与 ZIF 插座对准，按下 ZIF 插座手柄，即可装上 CPU。

零插拔力插座（zero insertion force），又称 ZIF、ZIF 插座，是一种只需很少力就能插拔的集成电路插座或电子连接器。

7）组装

按照上述过程逆过程组装好各个部件，并连接上相应插线。

3. 实验总结

（1）记录实验全过程，并写出实验报告。

（2）详细记录拆卸过程中遇到的问题，以及问题的解决方法。

1.3.2 操作系统及常用软件安装

1. 实验设备及工具

计算机系统一台，Windows 7 操作系统镜像文件，VMware 虚拟机程序。

2. 实验内容及步骤

1）启动盘制作

全新安装可以用 U 盘、光驱等常见设备安装。以下介绍操作系统安装光盘、U 盘启动盘制作。图 1-15 所示为制作启动盘专用工具。选择"ISO 模式"选项卡，单击"浏览"按钮可选取制作操作系统启动盘的源文件，文件选择好后，单击"刻录光盘"或"一键制作 USB 启动盘"按钮，接下来按照向导提示，即可完成光盘引导或者 U 盘引导的操作系统启动盘的制作。

2）引导盘符设置

引导盘符设置可在 BIOS 中设置，或按 F12 键，在弹出对话框中选择相应盘符启动。

其中 BIOS 设置窗口可通过按 F2 或 Del 键进入（不同厂家略有不同）。找到

图 1-15 启动盘制作工具

Boot 项设置菜单，可设置相应的光盘、硬盘、U 盘等启动顺序。

3）操作系统安装

为便于操作，本实验安排在虚拟机上实施，虚拟机的操作见附录 1。

（1）上述准备工作完成后，装入光盘或插入 U 盘，启动计算机，出现如图 1-16 所示画面，单击"下一步"按钮。在弹出的界面中单击"现在安装"按钮，如图 1-17 所示。

图 1-16　安装 Windows 7 引导界面 1

图 1-17　安装 Windows 7 引导界面 2

（2）阅读并接受许可，详见图 1-18，然后选择安装类型，一般首次安装选择"自定义（高级）"安装类型，如图 1-19 所示。

图 1-18　许可协议界面

图 1-19　安装类型选择界面

（3）如图 1-20 所示，选择"驱动器选项（高级）"进入图 1-21 所示驱动器选项设置界面，选择要安装的磁盘然后格式化，完成后单击"下一步"按钮即可进入系统安装文件复制界面。

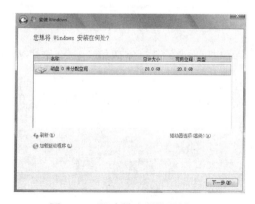

图 1-20　驱动器选项设置界面 1

图 1-21　驱动器选项设置界面 2

注意：本步骤需先对磁盘进行分区，对分区的操作应慎重，会造成已有数据丢失。如果硬盘原先没有分区，可借助 Windows 自带的工具完成分区操作，选择好磁盘后，单击"新建"按钮，在弹出对话框中设置分区大小等信息后确定即可创建新分区。也可在该步骤中重新调整分区，要调整分区，需在图 1-21 所示界面中选择要删除的分区，再单击"删除"按钮先删除分区，然后单击"新建"按钮完成创建分区，从而实现调整分区。当然也可通过专业工具如 PQ Magic 等完成分区的设置。

（4）开始复制、展开、安装功能、安装更新、完成安装，期间会重启一次，如图 1-22 ～图 1-25 所示。

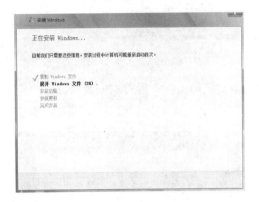

图 1-22　安装进度界面

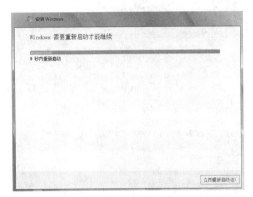

图 1-23　重启界面

图 1-24　更新注册表界面

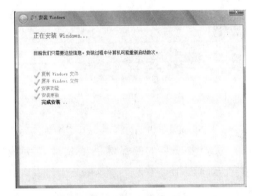

图 1-25　更新注册进度界面

（5）输入用户名、密码，密码可以不填，这样启动时就会跳过密码输入，直接进入桌面，但这不是一个安全的选择，如图 1-26 所示。

（6）如果有确定可以激活的密钥，可直接输入；如果想用激活工具激活，直接单击"下一步"，如图 1-27 所示。

图 1-26　创建用户界面

图 1-27　产品密匙设置界面

（7）最后进行系统设置，如 Windows 性能设置，如图 1-28 所示，使用推荐设置；然后进行时间、日期设置，如图 1-29 所示。

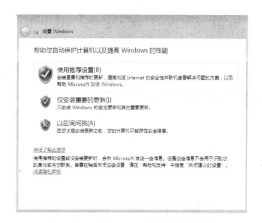

图 1-28　Windows 性能设置界面

图 1-29　时间设置界面

3. 实验总结

（1）记录实验全过程，并写出实验报告。

（2）详细记录安装前准备以及系统安装过程中遇到的问题，以及解决方法。

1.4　实验拓展

1.4.1　微机选购

配置兼容机是一件很有趣的事情。每个人都可以根据自己的喜好将各类配件产品自由搭配。模拟装机场景，可将同学 4 人一组，两人模拟装机客户，两人模拟销售人员。对模拟装机客户的同学分配不同的预算，通过一对一讨论，完成一次模拟销售过程，并在装机单上填上所选配件的型号、价格并附上选择的理由。

1.4.2 认识 BIOS

计算机开机后会首先启动 BIOS 自检程序，完成硬件检测工作，若自检失败会通过屏幕提示或者响铃方式提示，然后按照 BIOS CMOS 中设置的启动顺序启动相应设备。这一过程中 BIOS 起到极其重要的作用。

请查阅相关资料熟悉 BIOS 相关项设置含义，了解计算机 BIOS 自检过程中给出不同响铃提示的含义，并思考如何解决相应故障。

1.4.3 硬盘分区

常见的分区工具有 DOS 版本和 Windows 版本，若是新硬盘则采用 DOS 版本进行分区，若是老硬盘对分区进行调整，则可采用 Windows 版本，在操作系统中安装后即可使用。

创建虚拟机，选用分区工具如分区助手服务器版 5.2(如图 1-30 所示，可在高版本 Windows 系统上使用)、PQ Magic(有 DOS、Windows 版本，PQ Magic Windows 版本仅支持早期的操作系统如 Windows 2000/XP)等实现硬盘分区、分区调整等操作。注意分区过程中会选择文件系统，Windows 操作系统支持的文件系统有 FAT32 和 NTFS，并认识不同文件系统间的差异。

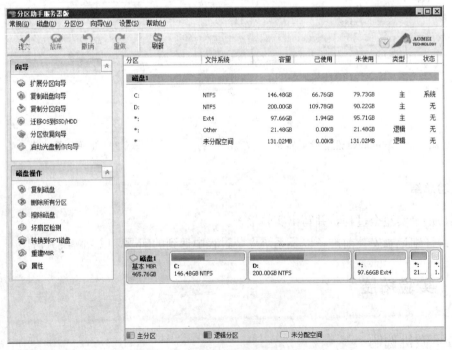

图 1-30 分区助手服务器版 5.2

第 2 章　Windows 操作系统

2.1　实验目的

(1)掌握 Windows 7 的基本操作，能够定制个性化的工作环境。

(2)熟练掌握文件和文件夹相关操作，熟练使用与管理 Windows 7 系统，包括 Windows 7系统软硬件资源管理以及用户管理等。

(3)了解计算机网络知识，熟悉 Windows 7 网络连接设置方法。

2.2　内容提要

2.2.1　Windows 的基本操作

1. 初识 Windows 7

1)Windows 7 桌面

Windows 7 的桌面由桌面图标、背景、小工具、任务栏等构成。其中桌面图标包括系统图标(如"计算机""网络"和"回收站"等)、快捷方式图标，如图 2-1 所示。

图 2-1　Windows 7 桌面

2）任务栏

任务栏是显示 Windows 7 正在执行程序的区域。Windows 7 是一个多用户多任务的操作系统，每个正在执行的程序，都会在这里显示相应的图标。

任务栏就是桌面最下方的小长条，显示系统正在运行的程序、当前时间等。任务栏由"开始"菜单、"快速启动"工具栏、"窗口"按钮栏、语言栏和通知区域组成，如图2-2 所示。

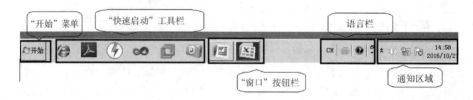

图 2-2　Windows 7 任务栏

3）"开始"菜单

"开始"菜单是视窗操作系统（Windows）中图形用户界面（GUI）的基本部分，可以称为操作系统的中央控制区域。在默认状态下，开始按钮位于屏幕的左下方，当前版本的开始按钮是一个方形内嵌 Windows 标志。

如图 2-3 所示，单击位于屏幕左下角的"开始"按钮打开"开始"菜单。

图 2-3　Windows 7 "开始"菜单

"开始"菜单包括用户图标、常用程序列表、所有程序、开始按钮、搜索框、关机选项按钮等，其中关机选项按钮包括切换用户、注销、重新启动等，如图 2-4 所示。

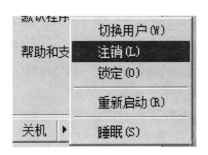

图 2-4　Windows 7 关闭选项按钮

4）控制面板

控制面板（control panel）是 Windows 图形用户界面一部分，可通过"开始"菜单访问，Windows 7 中大部分操作可通过控制面板中相关功能进行。它允许用户查看并操作基本的系统设置，如系统和安全，网络和 Internet，用户账户和家庭安全，外观和个性化，时钟、语言和区域等，如图 2-5 所示。

图 2-5　Windows 7 控制面板界面

2. Windows 7 窗口

窗口是 Windows 的基本对象，每打开一个应用程序、文件或文件夹后，就会出现一个矩形区域，称为窗口。

一般的窗口都是由控制按钮区、搜索栏、地址栏、菜单栏、工具栏、导航窗格、状态栏和工作区组成，如图 2-6 所示。

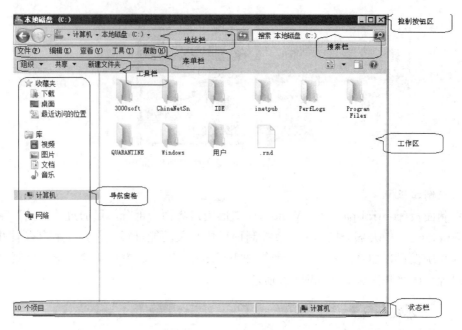

图 2-6　Windows 7 窗口界面

　　(1)控制按钮区。就是窗口最右上角的最小化、最大化和关闭按钮组成的一组按钮，用以实现对窗口大小的切换和关闭窗口。

　　(2)搜索栏。搜索栏可以帮助你在当前窗口范围内搜索内容，与"开始"菜单中的搜索框相似。

　　(3)地址栏。地址栏用于输入网址，如图 2-6 所示。也可以输入计算机中文档所在的路径，快速找到文档。

　　(4)菜单栏。菜单栏是选择命令的工具，可以在这里找到需要发出的命令。通过选择菜单中的命令，完成日常操作。

　　(5)工具栏。工具栏是存放常用工具的地方，如图 2-6 所示。所谓工具，其实就是操作的命令按钮。单击这些按钮，就可以快速地发出命令，进行日常操作。

　　(6)状态栏。位于最下方，它显示了当前操作的状态、被选中的对象的信息和与窗口相关的信息，如图 2-6 所示，如磁盘的大小、已用的空间和可以使用的空间大小。还可以显示选中文件的大小、最后修改的日期等。随着操作中状态的变化，它所显示的内容也跟着变化。

　　(7)工作区。用来显示窗口的操作对象和用户的操作结果。

　　(8)导航窗格。Windows 7 中导航窗格能帮助你快速切换当前操作的文件夹或逻辑磁盘。

3. 定制个性化的工作环境

　　在控制面板中选择"外观和个性化"，弹出如图 2-7 所示界面。在这个界面中可进行如桌面背景等个性化主题的设置、分辨率等显示设置、桌面小工具设置及任务栏等有关设置。

图 2-7　外观与个性化设置

1）桌面的个性化

在图 2-7 中选择"个性化"项，或在桌面空白区域右击，从弹出的菜单中选择"个性化"菜单项。

在打开的"个性化"窗口中对 Windows 7 的桌面进行设置和美化。只要单击某个选中的主题，就会改变桌面。例如，找到"Aero"主题，并单击"风景"主题，如图 2-8 所示，屏幕马上就改变成新的面貌了。

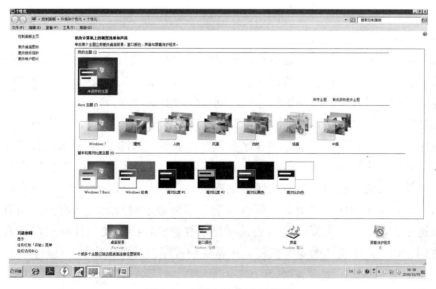

图 2-8　桌面个性化设置界面

2）调整屏幕分辨率

在图 2-7 中选择"调整屏幕分辨率"，或在桌面空白区域右击，从弹出的菜单中选择"屏幕分辨率"，弹出的窗口如图 2-9 所示。在这个窗口中可以对屏幕的分辨率进行更改。在大多数情况下，Windows 7 会检测显示器，并自动设置最佳的屏幕分辨率和刷新频率。Windows 7 还支持多屏幕显示，可以在这里作出选择，也可以手动设置屏幕分辨率。

图 2-9　屏幕分辨率设置界面

3）屏幕保护程序

设置屏幕保护程序，其目的是节约用电和保护屏幕。此外，有利于保护操作者的隐私。当操作者暂时离开计算机或暂停操作时，屏幕保护程序在设定的时间内就将显示的内容改变了。如果设置了屏幕保护的密码，则可以增加安全性。

在图 2-7 中选择"更改屏幕保护程序"，或打开"个性化"窗口，单击右下方的"屏幕保护程序"链接，打开"屏幕保护程序设置"对话框，如图 2-10 所示。在"屏幕保护程序"下拉列表框中选择所需要的程序之后，可以在上方的预览框中预览屏幕保护效果，而下面的"等待"文本框中可以输入等待的时间，即当计算机在多长时间没有键盘和鼠标操作后，屏幕保护程序就启动。也可以单击文本框旁边的向上向下箭头来调节等待时间。如果选中右边的"在恢复时显示登录屏幕"复选框，再次使用计算机时，需要先输入登录密码。最后，单击"确定"按钮，屏幕保护程序就设置成功了。

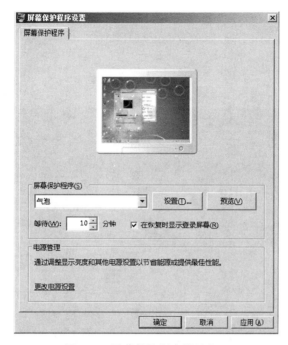

图 2-10　屏幕保护程序设置窗口

4）其他个性化操作

如果需要对任务栏以及"开始"菜单等进行个性化设置，可在图 2-7 中选择"任务栏和'开始'菜单"，即可进入任务栏、"开始"菜单、工具栏等个性化设置窗口，如图 2-11 所示，该部分内容读者可自行熟悉。

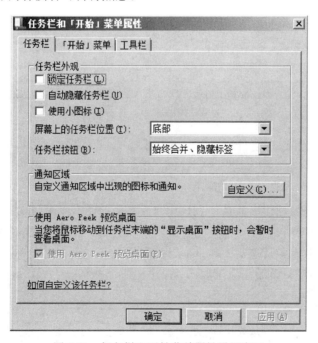

图 2-11　任务栏和开始菜单属性设置窗口

2.2.2 文件与文件夹操作

文件是计算机中具有某种相关信息的集合，可以是一个程序，也可以是一段文字、一张图表等。文件都有一个名称。文件的名称有规定的格式，即"主文件名．扩展名"。主文件名是给文件取的名称，而扩展名是对文件类型的说明。主文件名和扩展名之间由一个小圆点分隔。操作系统根据文件的扩展名来确定文件的类型，选择不同软件打开，如"．exe"是可执行文件、"．txt"是文本文件、"．jpg"是图像文件等，如图 2-12 所示。

图 2-12 有文件及扩展名的文件列表窗口

文件夹用来存放程序和文件，它是一种"容器"。文件夹本身也可以被认为是一种特殊的文件。为了能对各种文件进行有效管理，可以把一类相关的文件存放在同一个文件夹中，同一个文件夹中不能存放相同名称的文件，也不能存放相同名称的文件夹。文件夹可以分为两种。一种是标准的文件夹，用来存放程序和文件，可以对程序和文件进行复制、粘贴、剪切和删除等操作；另一种是特殊文件夹，是不能用来存放文件或文件夹的，但是可以用来查看和管理其中的内容。实际上，它是一种应用软件。特殊文件夹的例子如"计算机""控制面板""回收站"等。

1. 文件与文件夹的基本操作

文件和文件夹的基本操作包括新建、重命名、复制、移动、删除、恢复以及查找等。在这之前，需要明确一下文件和文件夹的选中操作。

要选中文件和文件夹可以单击一个文件或文件夹图标，如果需要连续选中若干个文件和文件夹，可以把鼠标移到起始的图标旁边，按住左键并拖动，直到把所要选中的图标全部覆盖后释放左键。也可以先单击需要选中的第一个图标，然后在按住 Shift 键的状态下单击最后一个图标。如果需要不连续选中若干个文件和文件夹，那么可以在按住 Ctrl 键的状态下，逐个单击需要选中的图标。

对于已经选中的文件和文件夹，可以做重命名、复制、删除等操作，也可以在其中的任意一个图标上方右击以弹出快捷菜单，选择相应的操作。

(1)新建文件。文件的新建一般都是依靠一个应用软件实现的。例如，打开画图软件可以新建一个图像文件(.bmp)，打开记事本可以新建一个文本文件(.txt)等。但是也可以在相应的窗口中右击打开快捷菜单，选择新建文件，如图 2-13 所示。

(2)新建文件夹。文件夹的新建和文件的新建基本上是一样的。例如，在桌面上创建一个新文件夹，只要在桌面上右击，在弹出的快捷菜单中选择新建文件夹，如图 2-13 所示。如果是在文件夹中，也可以在菜单栏里选择"文件"菜单，在菜单中选择"新建"，从子菜单中选择新建"文件夹"或某一类文件，直接创建一个新文件夹或相应文件，如图 2-14 所示。

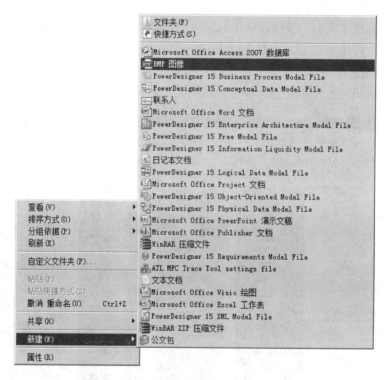

图 2-13　右击弹出菜单新建文件、文件夹

(3)文件、文件夹的重命名。对文件、文件夹命名前，需先关闭已经打开的文件或者文件夹，否则会提示有文件正在使用，无法完成当前操作。右击文件夹图标，在快捷菜单中选择"重命名"即可。这时候文件夹的名称变成了蓝底白字，表示文件夹名称处于可编辑状态。输入新的文件夹名称，即可对文件夹重命名。对文件的重命名操作也是一

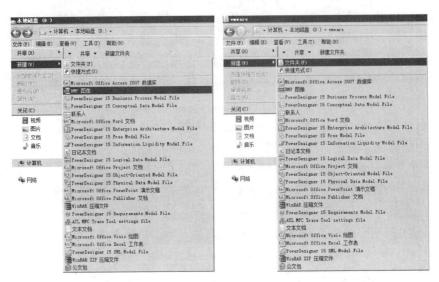

图 2-14　窗口菜单新建文件、文件夹

样的。另外一种方法就是先选中文件或文件夹，然后按 F2 键即可。

（4）对文件或文件夹的批量重命名。首先要选中需要重命名的多个文件或文件夹，然后在工具栏上选择"组织"按钮，从下拉菜单中选择"重命名"，此时，文件夹中有一个文件的名称处于可编辑状态。直接输入新的名称，再在窗口的空白区域单击就可以了。图 2-15 是对"试题汇编 OA"文件夹中的文件做批量重命名操作的截图。先选中全部文件，然后在"组织"工具栏中选重命名，系统统一生成新的文件名。

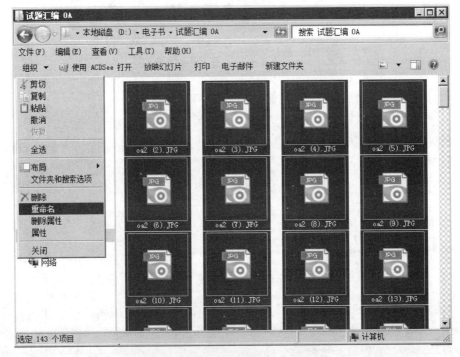

图 2-15　批量重命名文件名操作窗口

(5)查找文件和文件夹。当发生找不到文件的情况时,可以用搜索操作来查找文件和文件夹。要查找文件及文件夹,在图 2-16 所示图中标 1 或 2 位置文本框中输入相关的信息,就可在电脑或者相应目录中查找相关内容。

图 2-16　查找文件或文件夹界面

仔细察看文件夹窗口,可以发现有很多构件,其功能读者自行了解。例如,在图 2-17 中单击"更改你的视图"按钮就可以改变文件夹的显示方式,而按钮旁边的下拉列表可以改变图标的大小和显示方式等。

图 2-17　文件或文件夹显示方式更改界面

其他操作如移动、复制、删除功能,需先关闭已经打开的文件,然后进行相应的操作,否则会出错。

2. 设置文件打开方式

通常情况下,双击文件的图标,就会调用相应的应用软件查看文件的内容。也可以通过设置文件的关联来决定一类文件由哪个软件打开。如果一个文件没有与任何软件关联,那么它就不能用双击图标的方式打开。

下面介绍设置文件的打开方式。以图像文件(扩展名为.jpg)为例。右击图像文件,从弹出的快捷菜单中选择"打开方式→选择默认程序"命令,如图 2-18 所示。在回答系统的确认对话框后,系统会弹出"打开方式"对话框,如图 2-19 所示。对话框中根据计算机中已经安装的软件情况列出各种可能的选择,选中"始终使用选择的程序打开这种文件"复选框,并选择一个软件(这里选择"画图"),然后单击"确定"按钮。

图 2-18　设置文件打开方式菜单　　　　　图 2-19　设置文件打开方式窗口

如果以后有了新的查看图像的软件，可以用同样的方法更改文件的打开方式。值得一提的是，如果新安装了相关的软件，也许它立即把相关文件类别的默认打开方式更改成用新软件打开了。

3.　回收站管理

回收站是磁盘上的一块特定区域，是 Windows 用来存储被删除的文件的场所。可以使用回收站恢复误删除的文件，也可以清空回收站释放更多的磁盘空间。从硬盘删除项目时，Windows 会将该项目放在回收站中。而且回收站的图标从空变为满。从 U 盘或网络驱动器中删除的项目将被永久删除，而不会被发送到回收站。

回收站中的项目将保留到我们决定从计算机中永久地将它们删除。回收站中的项目仍然占用硬盘空间，并可被恢复或还原到原位置。当回收站满后，Windows 会自动清除回收站中日期最早的文件，以存放最近删除的项目。

如图 2-20 所示，单击界面上"清空回收站"工具栏按钮，可永久地将文件删除，并完成磁盘空间释放；在回收站中选择某文件或某些文件，单击界面上"还原此项目"工具栏按钮，即可恢复该文件到原来位置。

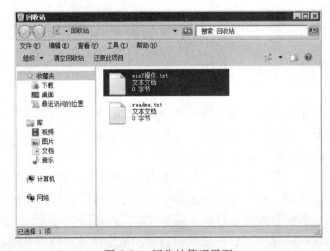

图 2-20　回收站管理界面

4. 文件属性与文件夹选项设置

1）文件和文件夹隐藏

如果有些文件想隐藏起来，可先选中需要隐藏的文件和文件夹，将属性设置为"隐藏"，然后把它们所在的文件夹的属性设置成"不显示隐藏的文件和文件夹"。

例如，先选中这些文件，右击，从弹出的快捷菜单中选择"属性"命令，如图 2-21 所示，在属性对话框中选中"隐藏"复选框，然后单击"确定"按钮，如图 2-22 所示，要真正实现文件夹文件的隐藏，还要在文件夹选项中设置相应属性，以下将详细介绍。

图 2-21　设置文件属性

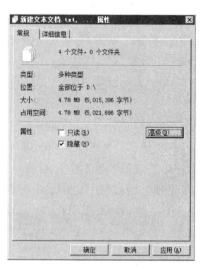

图 2-22　设置文件属性窗口

如果要显示文件，需在文件夹的"工具"菜单中找到"文件夹选项"，如图 2-23 所示，单击打开"文件夹选项"对话框，在"查看"选项卡中找到"显示隐藏的文件、文件夹和驱动器"选项按钮并选中它，再单击"确认"按钮。回到文件夹中，被隐藏的文件又可重新被看见。同理属性设置为隐藏的文件不被看见，请确认图 2-24 中"不显示隐藏的文件、文件夹或驱动器"选项按钮被选中。文件夹的隐藏同上述过程。

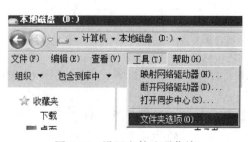

图 2-23　设置文件选项菜单

图 2-24　设置文件选项界面

2)文件和文件夹选项操作

如图 2-24 所示，在"文件夹选项"对话框中选择"查看"选项卡，向下滚动滚动条，可以看到很多设置文件及文件夹查看方式选项，如"隐藏已知文件类型的扩展名"，通常，该选项是被选中的，如要显示文件扩展名，请确认该选项不被选中。其他选项可根据实际情况设置。

2.2.3 Windows 7 系统管理

1. Windows 7 中软件管理

Windows 不仅可管理相应应用程序，还可以对相关 Windows 组件进行管理。Windows 7 组件包含在 Windows 7 系统中，也可以从系统安装盘上独立安装或删除，但需要以 Windows 系统管理员身份操作。以下介绍在 Windows 7 中添加/删除 Windows 组件的方法。

单击"开始"菜单，然后选择"控制面板"，在控制面板中卸载程序。如图 2-25 所示，选择左上角"打开或关闭 Windows 功能"，如图 2-26 所示，在列表中选择相应 Windows 组件，若该选项被选中，则表示安装该组件，若没被选中，则去掉该 Windows 组件。确定选项是否被选中后，单击"确定"按钮即可完成组件的安装与删除。

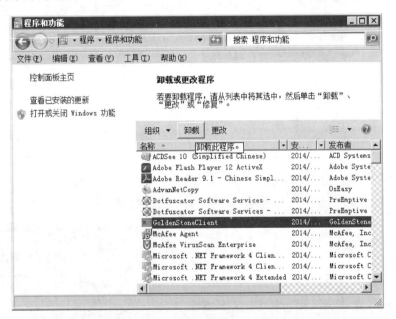

图 2-25　卸载或更改程序界面

应用程序安装方法非常简单，直接在安装文件目录下找到类似于"setup. exe"的文件，双击然后按向导提示即可完成安装。

应用程序安装好后一般在"开始"菜单中会生成相应菜单，通常也会有卸载相关菜单。需卸载软件可在"开始"菜单中找到相应程序的卸载菜单，按照向导提示即可完成程序卸载。另外一种卸载程序的方法是在如图 2-25 所示界面中，找到相应程序并选中，单击"卸载"按钮按向导提示即可完成软件的卸载。

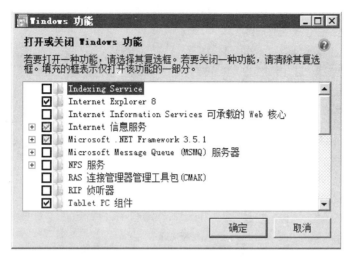

图 2-26　打开或关闭 Windows 功能界面

2．Windows 7 中硬件管理

为使设备能在 Windows 环境下正常工作，必须在计算机上安装相应设备驱动程序的软件。以下介绍 Windows 7 下设备管理方法。

查看本地硬件和相关性能指标，桌面右击"计算机"图标，在弹出的快捷菜单选择"管理"命令，在弹出的"计算机管理"窗口中选择"设备管理器"，如图 2-27 所示。如果设备驱动有问题会在该界面中提示，要更新设备驱动只需选中相应设备，右击，然后选择"更新驱动程序软件"，按向导提示选中设置驱动程序所在目录即可。

图 2-27　设备管理器界面

Windows 7 除了在设备管理器中可对设备进行扫描、卸载、驱动更新操作外，还可在控制面板中单击"硬件和声音"按钮，如图 2-28 所示，可完成设备与打印机、声音、电源选项、显示等相应设备的管理。

图 2-28　硬件和声音管理界面

3. Windows 7 中用户管理

Windows 7 系统及在 Windows 7 平台上安装的各种应用软件都可以按使用者的要求进行一些个性化的设置，使整个的操作环境符合操作者的使用习惯、提高工作效率。但有时一台计算机是几个人共同使用的，不同的使用者都会改动一些设置，互相影响，很不方便。这种情况下可以给每个使用者创建一个账户，每个人用自己的账户登录到系统进行操作和个性化设置，就不会互相影响了。

具有管理员权限的账户才能创建账户。安装系统时创建的就是有管理员权限的账户。

打开控制面板，在"用户账户和家庭安全"下面找到"添加或删除用户账户"链接，如图 2-29 所示，打开"管理账户"窗口，如图 2-30 所示，选择"创建一个新账户"，输入账户名，设置创建账户类型(标准用户和管理员两种类型)后点击"创建账户"按钮即可。要对账户属性修改，可在图 2-30 界面选择需修改的账户，然后按照向导提示，即可完成更改账户名及密码等设置。

图 2-29 用户账户和家庭安全设置界面

图 2-30 管理账户界面

4. Windows 7 中网络管理

如今个人计算机绝大多数都是连接到 Internet。根据计算机所在地的网络服务供应商可能提供的服务，用户选择一种或几种连接到 Internet 网络的方式。依靠网络，同一地点的多个电子设备之间可以实现资源共享，也可以和相距很远的计算机和电子设备实现资源共享。

1）ADSL Modem 和光纤加无线路由器上网

（1）物理连接及 IP 地址设置。

ADSL 是最常见上网方式之一（光纤入户后与 ADSL 使用方式类似，本书仅介绍 AD-SL），它是依靠电话线来传输信号。原来的电话线是两根，在这两根线1增加数据传输任务。为不影响语言通话质量，需将原来电话线接入到 ADSL Modem 上，分出两路信号，一路接入电话机，一路接入计算机。如图 2-31 所示，连接相应设备，然后仅需要对无线路由器进行相应设置即可使用无线连接接入 Internet。

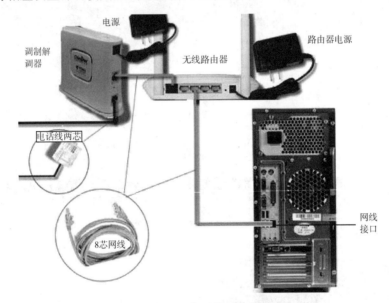

图 2-31　调制解调器与无线路由器连接示意图

设置无线路由器前，应保证与无线路由器通过有线连接的计算机的 IP 地址与该路由器的 IP 地址属于同一网络，路由器背面都有一固定 IP 地址，如本例中无线路由器 IP 地址为192.168.0.1/24，则可设置计算机的 IP 地址为192.168.0.109/24。

打开计算机，在桌面右下角通知栏上找到网络图标，单击，在弹出菜单中选择"打开网络和共享中心"，如图 2-32 所示。

图 2-32　网络和共享中心入口

在打开的"网络和共享中心"中选择"更改适配器设置"，如图 2-33（a）所示，在弹出的对话框中双击"本地连接"，如图 2-33（b）所示，点击图 2-33（c）上"属性"按钮，在弹出对话框中找到 TCP/IPv4 设置项并双击，如图 2-33（d）所示，进入 IP 地址设置界面，如图 2-34 所示，设置 IP 地址后，单击"确定"按钮。

（a）更改适配器设置入口

（b）选择本地连接

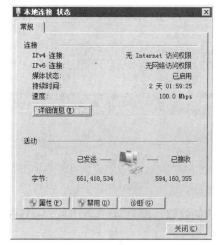

（c）查看本地连接状态

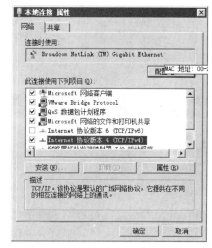

（d）修改本地连接属性

图 2-33　进入 IP 地址设置窗口示意图

图 2-34　IP 地址设置窗口

（2）无线路由管理与设置。

首先，登录到路由器管理界面。以 D—Link DIR—605L 无线路由器为例，打开浏览器，输入访问地址 http：//192.168.0.1，然后按回车键，输入用户名、密码等信息（一般无线路由器背面都有用户名、密码信息），进入无线路由器设置界面，如图 2-35 所示。

图 2-35　无线路由器登录界面

其次，在无线路由器设置界面分别设置因特网连接（因特网服务提供商相关信息设置）与无线连接（本地连接无线名、登录密码等设置），如图 2-36 所示。

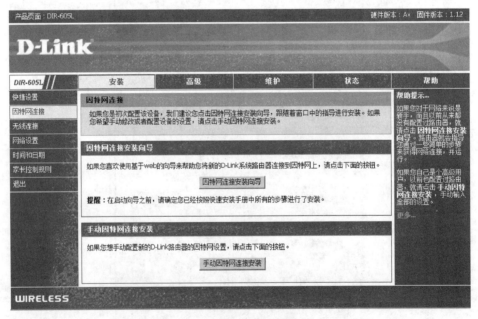

图 2-36　无线路由器设置主界面

因特网连接设置：在图 2-36 所示界面中单击"因特网连接安装向导"按钮，弹出图 2-37 所示向导，依次设置无线路由器管理员密码、设置所在时区（图 2-38）、配置因特网连接（图 3-39）并保存。

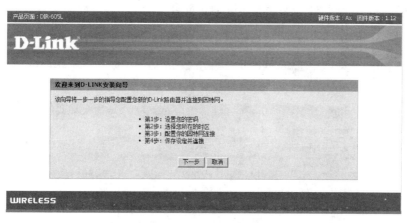

图 2-37　无线路由器设置向导

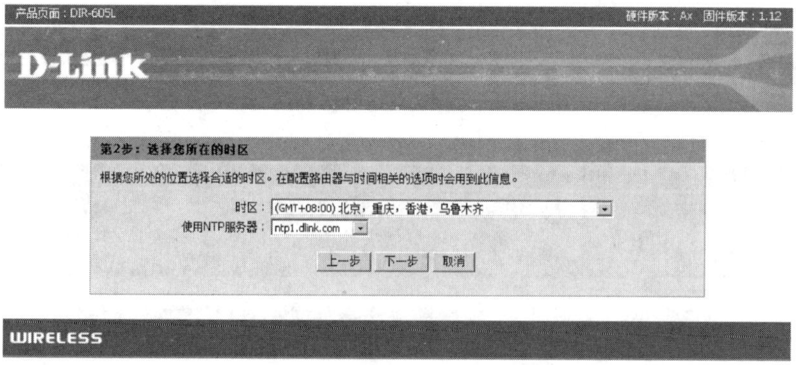

图 2-38　无线路由器时区设置

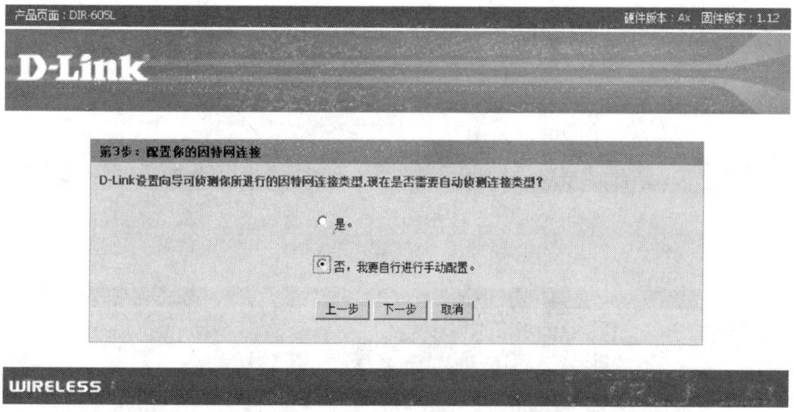

图 2-39　手动配置无线路由器因特网连接

　　如图 2-40 所示，此步骤主要是设置用户当前的上网类型，一般分为 PPPoE、动态 IP、静态 IP、PPTP、L2TP 等。家庭用户大多数使用的是 ADSL 或者是小区宽带对应的是 PPPoE。选择 PPPoE 类型，单击"下一步"按钮，在图 2-41 所示界面中输入因特网服务提供商提供的用户名和密码，然后单击"下一步"按钮，弹出如图 2-42 所示界面，单击"连接"按钮，路由器会保存上述设置并重启。

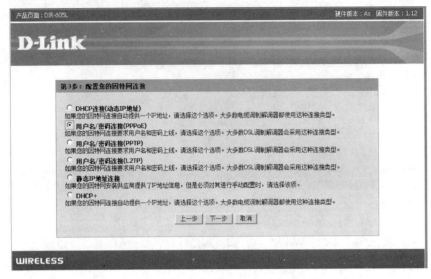

图 2-40　配置无线路由器上网类型

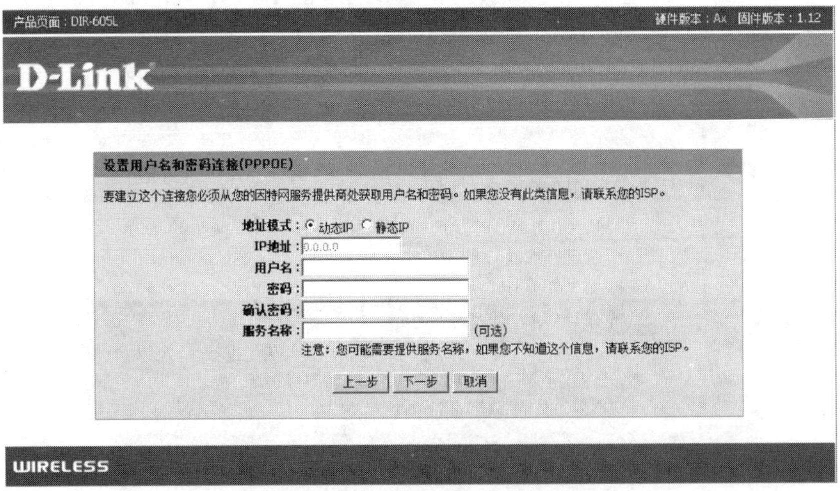

图 2-41　配置访问因特网的用户信息

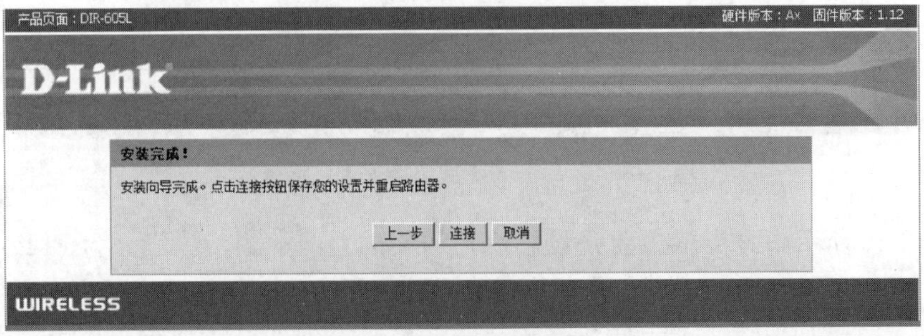

图 2-42　保存设置

　　无线连接设置：在无线路由器设置主界面上选择"无线连接"，然后按向导提示设置无线网络名以及安全访问密码等信息，设置方法如图 2-43～图 2-46 所示。

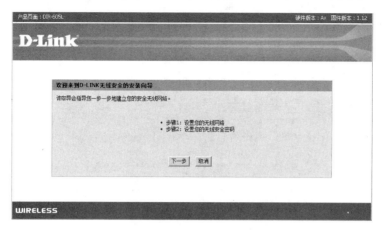

图 2-43　无线连接设置向导

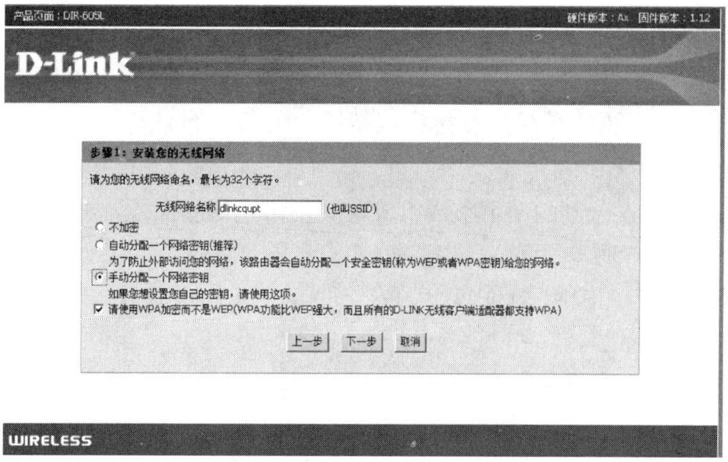

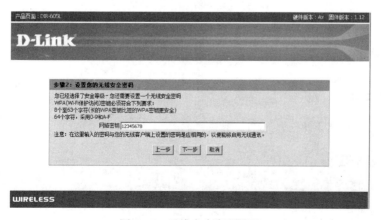

图 2-44　无线网络名称设置

图 2-45　无线安全密码设置

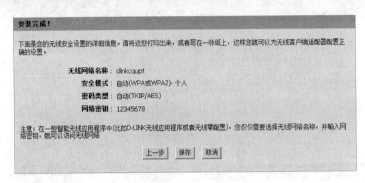

图 2-46　保存无线网络设置

2）IP 地址与域名

为确保信息在因特网上传输，连接到因特网上的每一台计算机或其他设备都须拥有唯一的 IP 地址。

IP 地址是由小数点分割的四个整数组成，其中每个数字都是 0～255 的十进制整数，如 202.202.32.35（重庆邮电大学主页 IP 地址）。

由于 IP 地址不便于记忆，人们采用域名，即用一串用小数点分隔的字符来表示计算机地址，如 www.cqupt.edu.cn（重庆邮电大学域名）。

然而，计算机以及交换设备只接受 IP 地址，这就需要建立 IP 地址与域名地址间映射关系，这一服务由域名服务器完成域名地址向 IP 地址转换。

2.3　实验任务

2.3.1　定制个性化工作环境

1. 实验设备及工具

安装有 Windows 7 操作系统的计算机一台。

2. 实验内容及步骤

（1）认识 Windows 7 桌面环境、任务栏、"开始"菜单、控制面板，详细内容参考本章内容提要。

（2）设置怀旧任务栏。在任务栏上右击，选择"属性"命令即可打开任务栏和"开始"菜单属性对话框,如图 2-47 所示。选择"任务栏"选项卡,可设置"使用小图标"使得 Windows 7 任务栏变成经典样式大小;可设置自动隐藏任务栏,当鼠标离开或者出现在任务栏位置,任务栏会自动隐藏或显示;设置任务栏在桌面的位置,可以设置任务栏的位置到桌面"底部""左侧""右侧""顶部"。

(3)"开始"菜单设置。在图 2-47 所示界面,选择"「开始」菜单"选项卡,如图 2-48所示,可更改电源按钮操作默认方式,如可更改为注销、锁定等;还可自定义"开始"菜单上显示的菜单项以及菜单显示方式。

(4)桌面背景和主题设置。在桌面右击选择"个性化"命令,弹出的窗口中可设置桌面背景以及主题等项目。

(5)设置屏幕保护程序。按内容提要中介绍的方法设置一种屏幕保护程序。

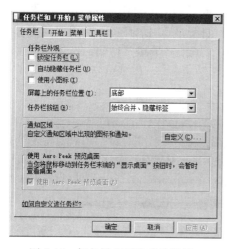

图 2-47 任务栏和开始菜单设置 1

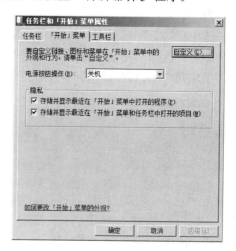

图 2-48 任务栏和开始菜单设置 2

3. 实验总结

(1)记录实验全过程,并写出实验报告。

(2)详细记录实验过程中遇到的问题,以及解决方法。

2.3.2 文档管理

1. 实验设备及工具

安装有 Windows 7 操作系统的计算机一台。

2. 实验内容及步骤

(1)建立自己的文件结构,如多媒体文件格式很多,为了分门别类地存放收集的资料,建立如表 2-1 所示的存放结构。

表 2-1　多媒体文件结构

文本		图形		音频		视频	
DOC	TXT	BMP	JPG	MP3	WAV	AVI	MPG

（2）在资源管理器中创建一个以".txt"为扩展名的纯文本文件。通常，都是在应用软件中创建新文件，如在 Word 中创建以".doc"为扩展名的文档，在"画图"中创建以".bmp"为扩展名的图形文件等。但在资源管理器中也可以创建新文件。

（3）进行文件和文件夹的更名与删除、移动与复制、浏览与选择。

（4）建立文件夹，用自己名字命名，并将该文件夹属性设为隐藏，观察设置前后效果。

（5）设置文件共享。将某文件夹设置为共享目录，使用特定账户访问，并限定其访问权限为可读写，不可删除。选中要共享的文件夹或盘符，右击选择属性，如图 2-49 所示，选中"共享"选项卡，单击"共享"按钮，如图 2-50 所示，选择用户后单击"共享"即可。选择"安全"选项卡，如图 2-51 所示，单击"编辑"按钮，在如图 2-52 所示界面添加相应用户并设置访问权限。

图 2-49　文件夹属性设置界面

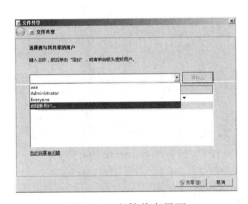

图 2-50　文件共享界面

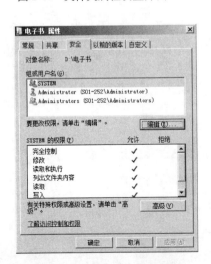

图 2-51　文件夹安全设置界面

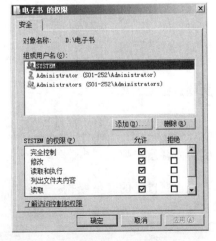

图 2-52　设置用户访问权限界面

3. 实验总结

(1)记录实验全过程，并写出实验报告。

(2)详细记录实验过程中遇到的问题，以及问题的解决方法。

2.4 实验拓展

2.4.1 配置本地安全策略

思考为计算机设置密码策略，如密码必须满足英文大小写字母、数字、特殊符号等复杂性要求，长度不少于 8 位，输错 3 次锁定账户半小时等要求。

打开本地安全策略方法有两种。

(1)"开始→控制面板→系统和安全→管理工具→本地安全策略"。

(2)单击"开始"按钮，在"搜索程序和文件"框中输入 secpol.msc 命令即可打开本地安全策略窗口，如图 2-53 所示。

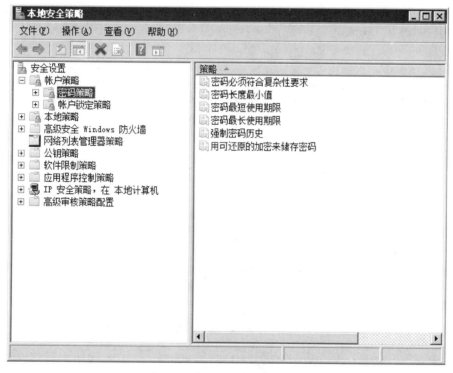

图 2-53　本地安全策略设置界面

2.4.2 配置本地组策略设置

Windows 7 安全策略是 Microsoft 管理控制台的一个组成单元，通过组策略可以设置各种软件、计算机和用户策略，如禁止更改计算机设置、禁止更改注册表、禁止自动播放功能、开机自动关闭 Windows 默认共享等。

打开本地组策略方法："开始→搜索程序和文件"框中输入 gpedit. msc 命令可打开本地组策略编辑器，如图 2-54 所示。

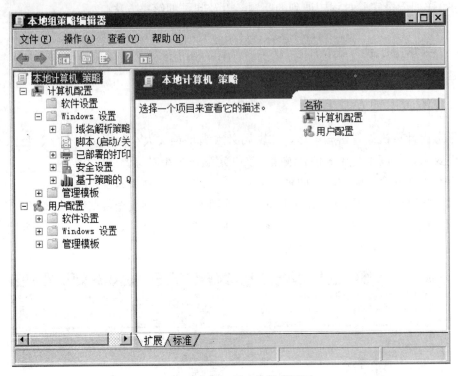

图 2-54　本地组策略编辑器界面

第 3 章　文档基本操作

3.1　实验目的

(1)熟悉微机标准键盘的键位分布及各种键的功能。

(2)掌握键盘操作的基本指法和正确的击键姿势。

(3)熟悉 Word 2010 基本操作，包括建立文档、录入文字及符号。

3.2　内容提要

3.2.1　指法练习及击键姿势

1. 键盘组成

键盘是由许多按键组成，主要是字母和数字，左边是主键盘，右边是数字小键盘；现在市场主流的标准键盘有 101 键和 104 键两种。功能分区如图 3-1 所示。

图 3-1　键盘示意图

2. 手指分工

参照金山打字通熟悉各个手指击打键盘时的分工，如图 3-2 所示。

图 3-2　手指分工示意图

（1）键盘左半部分由左手负责，右半部分由右手负责。

（2）每一只手指都有其固定对应的按键。

①左小指：［`］、［1］、［Q］、［A］、［Z］以及以这几个键为分隔线的左边区域。

②左无名指：［2］、［W］、［S］、［X］。

③左中指：［3］、［E］、［D］、［C］。

④左食指：［4］、［5］、［R］、［T］、［F］、［G］、［V］、［B］。

⑤左、右拇指：空格键。

⑥右食指：［6］、［7］、［Y］、［U］、［H］、［J］、［N］、［M］。

⑦右中指：［8］、［I］、［K］、［,］。

⑧右无名指：［9］、［O］、［L］、［.］。

⑨右小指：右无名指控制的键为分隔线的右边区域。

（3）小键盘。

小键盘的基准键位是"4，5，6"，分别由右手的食指、中指和无名指负责。在基准键位基础上，小键盘左侧自上而下的"7，4，1"三键由食指负责；同理中指负责"8，5，2"；无名指负责"9，6，3"和"."；右侧的"一、十、回车"由小指负责；大拇指负责"0"。

3.2.2　初识 Word 2010

1．Word 2010 界面

通过"开始"菜单或安装时创建的桌面快捷方式等途径打开 Word 2010 后，基本界面如图 3-3 所示。包括快速访问工具栏、标题栏、功能选项卡、功能区、导航区、编辑区、显示视图按钮等。

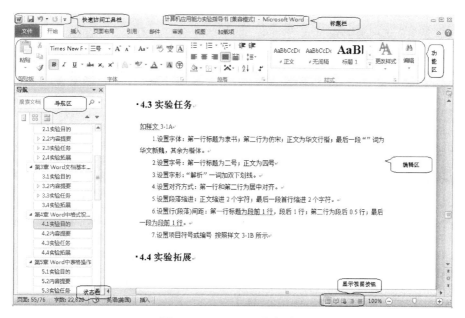

图 3-3 Word 2010 基本界面

1）标题栏

显示正在编辑的文档的文件名以及所使用的软件名。

2）快速访问工具栏

常用命令按钮都放在这里，如"保存"和"撤销"。也可以根据个人喜好将个人常用命令按钮添加到这里来。

3）功能区

"功能区"是水平区域，启动 Word 后分布在屏幕的顶部。进行 Word 文档操作所需的命令将分组置于各个功能选项卡中，如"开始""插入""页面布局""引用"等。可以通过单击功能选项卡来切换显示的命令集。

4）编辑区

显示当前正在编辑的文档。

5）导航区

显示当前编辑文档的整体结构。

6）显示视图按钮

用于更改正在编辑文档的显示模式，以符合实际的要求。

7）状态栏

显示正在编辑文档的相关信息。

2. Word 2010 功能选项卡

Word 2010 文档包含九个选项卡，以下简单介绍。

1）"文件"选项卡

相对于其他功能选项卡，它的功能注重于对全局的设置，因此更有必要了解和使用它。

单击"文件"选项卡可以打开"文件"面板，包含"保存""另存为""打开""关闭""信息""最近所用文件""新建""打印""保存并发送"等常用命令，如图 3-4 所示。在默认打开的"信息"命令面板中，用户可以进行旧版本格式转换等。

图 3-4　Word 2010"文件"选项卡

2）"开始"选项卡

"开始"选项卡是 Word 2010 中最基本功能，包括字体、段落、样式等，如图 3-5 所示。

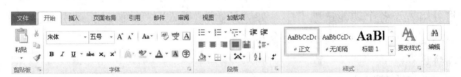

图 3-5　Word 2010"开始"选项卡

3）"插入"选项卡

如图 3-6 所示，"插入"选项卡给用户提供了在 Word 文档中插入各种对象的操作命令，包括插入页、表格、图片、超链接、页眉和页脚、文本、符号等。

图 3-6　Word 2010"插入"选项卡

4）"页面布局"选项卡

如图 3-7 所示，"页面布局"选项卡提供了主题、页面设置、稿纸、页面背景、段落与排列等操作命令。

图 3-7　Word 2010 "页面布局" 选项卡

5) "引用" 选项卡

如图 3-8 所示, "引用" 选项卡提供了关于目录、脚注、引文与书目、题注、索引、引文目录等操作, 这些操作可以向文档添加新的引文和源, 可以写入目录、脚注、题注, 也可以添加索引等, 这些选项将使 Word 文档的内容更加丰富。

图 3-8　Word 2010 "引用" 选项卡

6) "邮件" 选项卡

如图 3-9 所示, "邮件" 选项卡是关于邮件合并操作的集合, 包括创建文档、开始邮件合并、编写和插入域、预览结果等操作。

图 3-9　Word 2010 "邮件" 选项卡

7) "审阅" 选项卡

如图 3-10 所示, "审阅" 选项卡提供了拼写与语法、字数统计、语言、翻译、中文简繁转换以及新建批注等功能。其中批注、更改、比较、保护等功能组在集体撰写和修改文档时特别有用。

图 3-10　Word 2010 "审阅" 选项卡

8) "视图" 选项卡

如图 3-11 所示, "视图" 选项卡提供了 "文档视图" 功能组用于改变文档的视图, "显示" 功能组用于启用标尺、网格线和导航窗格, "显示比例" 功能组用于设置显示比例, "窗口" 功能组用于对窗口的操作。

图 3-11 Word 2010 "视图" 选项卡

3.3 实验任务

3.3.1 键盘操作及指法练习

1. 实验设备及工具

安装有 Windows 7 操作系统的计算机一台，金山打字通 2013，Word 2010。

2. 实验内容及步骤

1) 观察键盘

找出功能键区、标准键盘区、编辑键盘区、小键盘区、状态指示灯区，注意键盘分布，找出基准键的位置。

2) 指法练习

启动金山打字通 2013，如图 3-12 所示，打开"打字教程"板块，如图 3-13 所示，阅读打字姿势、手指分工、击键方法等内容，掌握键盘操作的基本指法和正确的击键姿势。

图 3-12 金山打字通 2013 主界面

图 3-13　金山打字通打字教程界面

进行中英文打字指法练习，本门课程结束后要求盲打平均速度至少达到 80 字/min。

3.3.2　Word 2010 基本操作

1. 实验设备及工具

安装有 Windows 7 操作系统的计算机一台，微软 Office 2010 办公软件。

2. 实验内容及步骤

1）新建文件

在 Word 2010 中新建一个文档，按以下规则命名：学号＋姓名＋实验编号.docx。

2）录入文本与符号

按照【样文 3-1】录入文字、字母、标点符号、特殊符号等。

【样文 3-1】

🗀🗀第一部分，"同学会"——讲述一群过去的同窗在一次聚会上讨论如何应对生活中的种种变化。▨▨

第二部分是全书的核心——"谁动了我的奶酪"的故事。在故事中，你会发现，当面对变化时两只老鼠做得比两个小矮人要好，因为它们总是把事情简单化；而两个小矮人所具有的复杂的智慧和人类的情感，却总把事情复杂化。这并不是说老鼠比人更聪明，我们都知道人类更具智慧。但换个角度，人类那些过于复杂的智慧和情感有时又何尝不是前进道路上的阻碍呢？＊

当你观察故事四个角色的行为时，你会发现，其实老鼠和小矮人代表我们自身的不同方面——简单的一面和复杂的一面。当事物发生变化时，或许简单行事会给我们带来许多的便利和益处。 *

其中特殊符号的录入方法：执行"插入→符号"命令，如图 3-14 所示，然后执行"其他符号(M)"命令后，弹出如图 3-15 所示对话框。

图 3-14　"符号"命令位置图

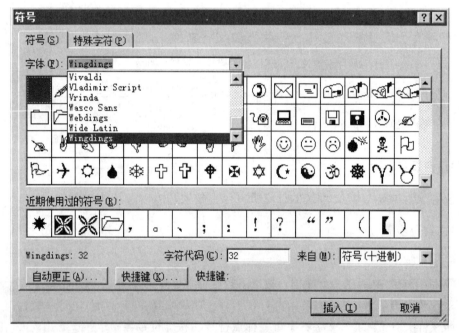

图 3-15　"符号"对话框

在"符号"对话框中有一系列符号可供选择，可在"字体"列表框中选择不同字体切换不同的符号集。选中指定符号后单击"插入"按钮，即可将该符号录入到指定位置，如图 3-16 所示。

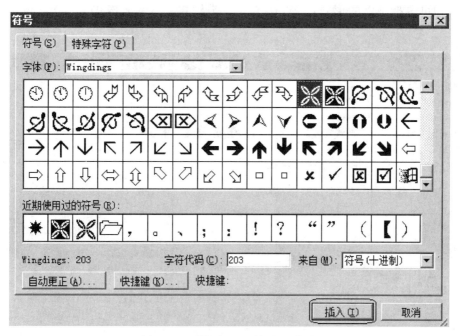

图 3-16 "符号"对话框插入命令

3）复制与粘贴

将上述文档中的第二段内容复制、粘贴到文档末尾处。

选定指定文本，如图 3-17 所示，执行"开始"选项卡"复制"命令，或执行快捷键 Ctrl ＋C 即可复制该部分内容到剪贴板中，然后执行"粘贴"命令，可选择 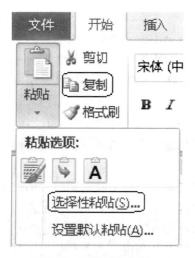 保留原格式粘贴到指定位置，或选择 **A** 只粘贴文本，当然可执行快捷键 Ctrl ＋V 即可粘贴该部分内容到指定位置（注意：快捷键粘贴方式是保留原文本格式的）。

图 3-17 剪贴板命令窗口

还可进行选择性粘贴，执行"开始→粘贴→选择性粘贴"命令，如图 3-18 所示，该对话框中可选择粘贴的形式如 Word 对象、带格式文本、无格式文本等，读者可自行尝试。

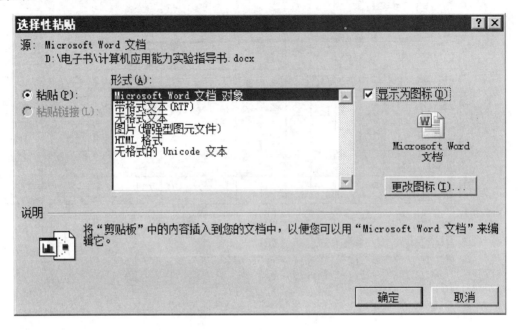

图 3-18   选择性粘贴对话框

4) 查找与替换

将文中"同学会"替换成"同学聚会"，结果见【样文 3-2】。

【样文 3-2】

📁📁 第一部分，"同学聚会"——讲述一群过去的同窗在一次聚会上讨论如何应对生活中的种种变化。※※

第二部分是全书的核心——"谁动了我的奶酪"的故事。在故事中，你会发现，当面对变化时两只老鼠做得比两个小矮人要好，因为它们总是把事情简单化；而两个小矮人所具有的复杂的智慧和人类的情感，却总把事情复杂化。这并不是说老鼠比人更聪明，我们都知道人类更具智慧。但换个角度，人类那些过于复杂的智慧和情感有时又何尝不是前进道路上的阻碍呢？*

当你观察故事四个角色的行为时，你会发现，其实老鼠和小矮人代表我们自身的不同方面——简单的一面和复杂的一面。当事物发生变化时，或许简单行事会给我们带来许多的便利和益处。*

第二部分是全书的核心——"谁动了我的奶酪"的故事。在故事中，你会发现，当面对变化时两个老鼠做得比两个小矮人要好，因为他们总是把事情简单化；而两个小矮人所具有的复杂的智慧和人类的情感，却总把事情复杂化。这并不是说老鼠比人更聪明，我们都知道人类更具智慧。但换个角度，人类那些过于复杂的智慧和情感有时又何尝不是前进道路上的阻碍呢？*

如图 3-19 所示，点击"开始→替换"命令，输入要查找和替换的内容，单击"替换"按钮即可实现该功能。

还可设置更多查询或替换格式，单击图 3-20"更多"按钮，出现图 3-21 所示界面，单击"格式"按钮，可设置要查询或替换文本字体、段落、样式等，读者可自行尝试。

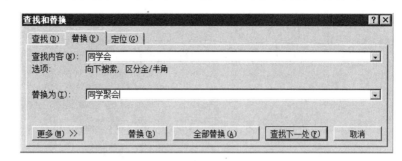

图 3-19　编辑命令窗口　　　　　　　　　图 3-20　查找和替换对话框

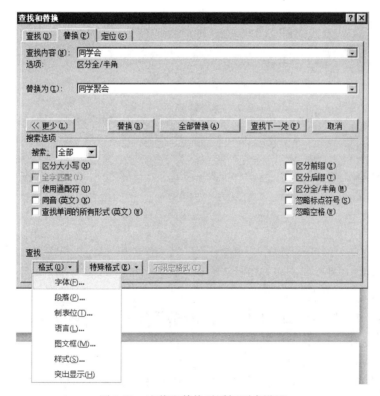

图 3-21　查找和替换对话框更多设置

3. 实验总结

(1) 记录实验全过程，并写出实验报告。

(2) 详细记录实验过程中遇到的问题，以及解决方法。

3.4 实验拓展

在编辑或排版前，首先要选定文本。Word 中提供了多种选定文本的方法，可以用鼠标或者键盘来选定，建议读者学习以下方法，并找出适合自己的方法。

3.4.1 使用鼠标选定文本

使用鼠标选定文本，常用的方法有以下几种。

(1)在文本上拖动。

将鼠标指针置于要选定的文本前，按下鼠标左键拖动到要选定的文本末端，然后释放鼠标左键。所选定的文本将以黑底白字的方式显示，如图 3-22 所示。

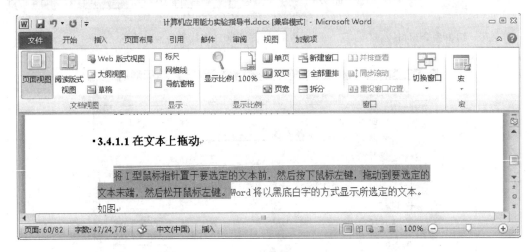

图 3-22　拖动鼠标方式选择文本

(2)双击选择单词或词组。

要选定文中出现的词语或者单词，只需要将鼠标指针移到该词上双击即可。

(3)使用 Ctrl 和鼠标选定文本。

按住 Ctrl 键，将鼠标指针移到要选句子的任意处单击，即可选定该句。也可按住 Ctrl 键同时拖动鼠标选择不连续的文本，如图 3-23 所示。

(4)使用 Shift 和鼠标选定文本。

将鼠标移到要选定的文本前单击，按下 Shift 键，将鼠标拖到指定文本末尾处单击，即可选择连续文本块。

(5)单击选定一行。

将鼠标移动到该行最左边，直到其变为向右的箭头 ⟋，然后单击，即可选定整行。

(6)选定一段文本。

将鼠标置于该段任意位置，然后快速单击三次即可选定该段。另外，也可在该段左侧，当鼠标变为向右的箭头 ⟋时，双击来选定一段文本。

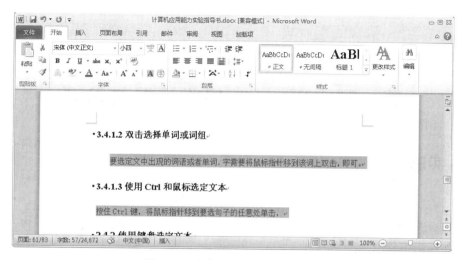

图 3-23　选定句子或不连续文本块

(7)选定一竖块文本。

将鼠标置于要选定文本一角，然后按住 Alt 键和鼠标左键，拖到文本对焦，即可选定一竖块文本，如图 3-24 所示。

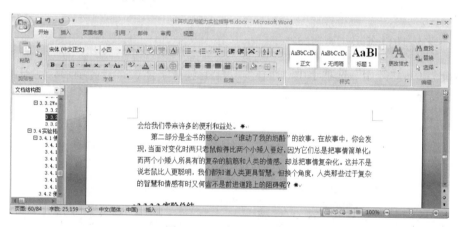

图 3-24　选定一竖块文本

3.4.2　使用键盘选定文本

当用键盘选定文本时，按住 Shift 键的同时使用移动插入点的组合键，如表 3-1 所示。

表 3-1　选定文本常用组合键

组合键	选定范围
Shift＋→	选定插入点右边的一个字符或汉字
Shift＋←	选定插入点左边的一个字符或汉字
Shift＋↑	选定到上一行同一位置之间的所有字符或汉字
Shift＋↓	选定到下一行同一位置之间的所有字符或汉字
Ctrl＋A	选定整个文档

第4章 Word 中格式设置与编排

4.1 实验目的

(1)熟练使用 Word 2010 设置文档文字、字符格式。

(2)熟练使用 Word 2010 设置文档行、段格式，包括设置文本对齐方式、段落缩进、行距、段落间距等。

(3)熟练使用 Word 2010 设置项目符号或编号。

(4)了解文本样式设置方法。

4.2 内容提要

4.2.1 字体功能组

Word 2010"开始"选项卡中"字体"功能组包括字体、字号、字形、字符颜色等，如图 4-1 所示。

图 4-1 Word 2010"字体"功能组

1. 设置字体

选中要改变字体的文本，单击图 4-1 中"字体"列表框右边的向下箭头，会弹出如图 4-2 所示的字体列表。用户可在该下拉列表中看到字体的外观，从而作出选择。

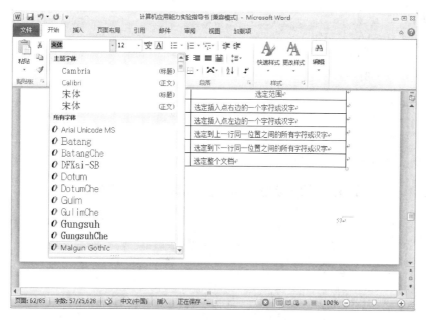

图 4-2　字体列表

2. 设置字号

字号是指字符的大小，默认值为五号字。若需改变文本的字号，选择图 4-1 所示"字号"列表框右边的向下箭头，会弹出如图 4-3 所示的字号列表，用户根据需要进行选择。

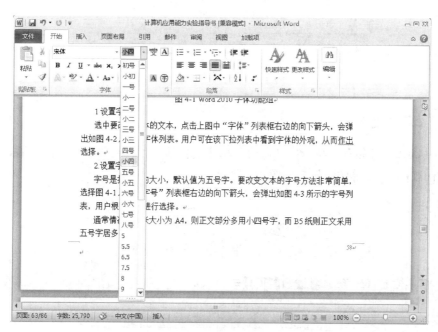

图 4-3　字号列表

3. 设置字形

所谓字形是指附加于文字的一些属性，如粗体 **B**、斜体 *I*、下划线 U，或多种属性的综合等，如图 4-1 所示。

4. 字体对话框

图 4-1 列出了"字体"功能组中常用的功能按钮，如需设置更多的字体属性，请单击图 4-1 所示"字体"对话框按钮，弹出如图 4-4 所示界面。

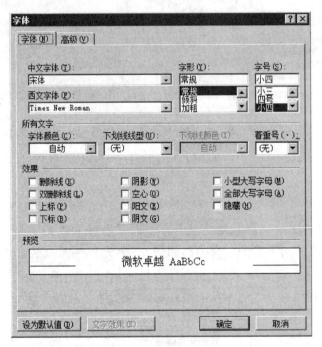

图 4-4　"字体"对话框

4.2.2　段落功能组

Word 2010"开始"选项卡中"段落"功能组包括项目符号与编号、段落缩进、对齐方式、行(段落)间距等的设置，如图 4-5 所示。

图 4-5　Word 2010"段落"功能组

1. 设置项目符号与编号

要对段落设置符号，需先选中目标文本，单击图标 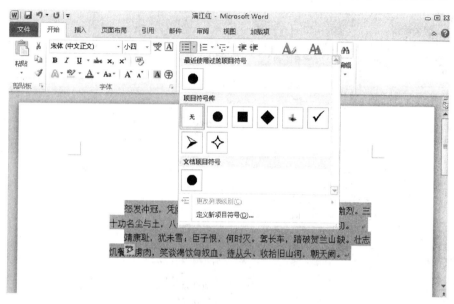 右下角箭头，如图 4-6 所示，选择合适的项目符号，如无目标图标，可选择"定义新项目符号"进行定义。

图 4-6　Word 2010 中项目符号列表

要对段落设置编号，需先选中目标文本，单击图标 右下角箭头，如图 4-7 所示，选择合适的编号格式，如无目标编号格式，可选择"定义新编号格式"进行定义。

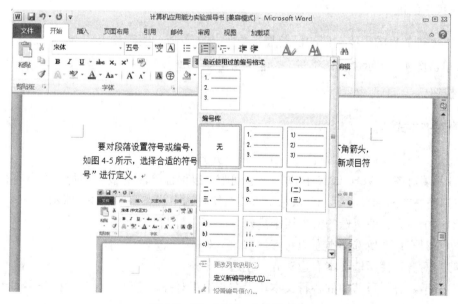

图 4-7　Word 2010 中编号列表

要对段落设置多级编号，需先选中目标文本，单击图标 右下角箭头，如图 4-8 所示，选择合适的多级编号格式，如无目标多级编号格式，可选择"定义新的多级列表"进行定义。

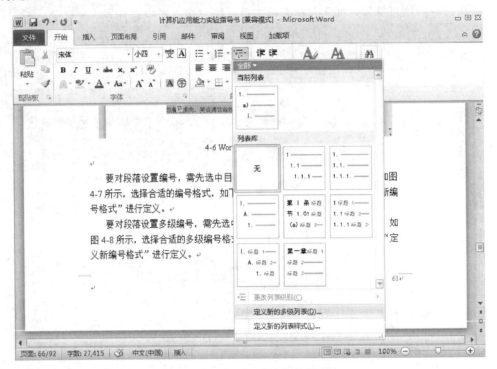

图 4-8　Word 2010 中多级编号列表

2. 设置段落缩进

文本缩进的目的是使文档的段落显得更加条理清晰，便于读者阅读。要设置段落缩进，可单击图 4-5 所示"段落缩进"功能按钮，其中减少缩进单击 按钮，增加缩进单击 按钮。

3. 设置对齐方式

Word 2010 中对文本对齐提供以下五种对齐方式。

(1)两端对齐：Word 2010 自动调整字间距，以保证除段落最后一行外的所有行都从左至右撑满左右两端页边距，默认情况下该按钮是选中状态，如图 4-9 所示。

(2)居中对齐：使所选的文本居中排列。

(3)左对齐：使所选文本左边对齐，右边不对齐。

(4)右对齐：使所选文本右边对齐，左边不对齐。

(5)分散对齐：段落中的各行文本均沿左右边距对齐，不满一行时，拉开字间距，使文本内容在一行中均匀分布。

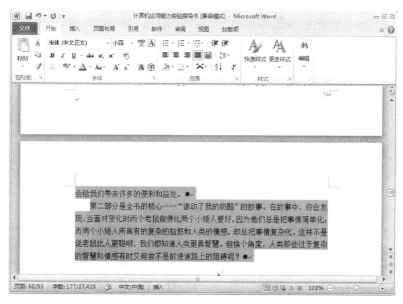

图 4-9　Word 2010 两端对齐方式

4. 设置行(段落)间距

行间距是指一个段落内行与行之间的距离，在 Word 2010 中默认的行间距是单倍行距。如果不想使用默认单倍行距，可以单击"开始"选项卡"段落"功能组上图标右下角箭头，如图 4-10 所示，在行段间距列表中选择合适行距，如无适合行距，可单击图 4-10 中"行距选项"按钮，弹出如图 4-11 所示段落属性对话框，在"行距"下拉列表框中选择"固定值"，在"设置值"项中设置合适的磅值。

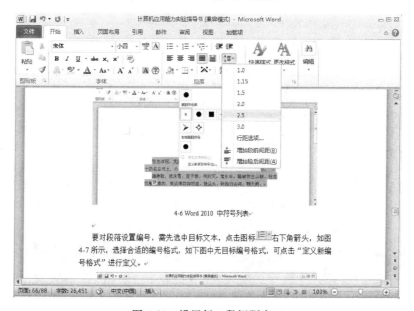

图 4-10　设置行、段间距窗口

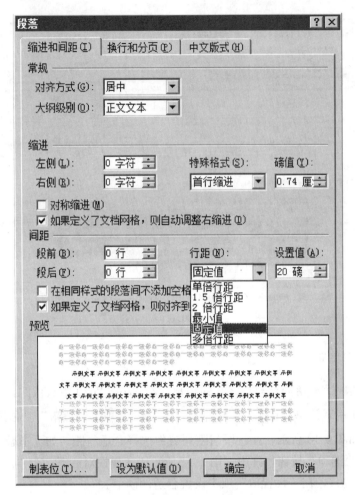

图 4-11　段落属性对话框

　　段落间距即段与段之间的距离。选择需调整段间距的段落，在图 4-10 中点击 增加段前间距(B)，可加大该段落与前一段落间的距离，点击 增加段后间距(A) 则是加大段落与后一段落间的距离。也可在图 4-11 中通过设置段前、段后的值来达到同样目的。

5. 设置边框和底纹

　　在 Word 2010 中，为了突出文档中重要部分，可以给这些文本或页面添加边框和底纹，给文档添加边框或底纹也可使文档更美观。

　　如要给标题"满江红"加上边框和底纹，操作方法如下。

　　(1)选择要设置的文字或段落，在"开始→段落"功能组中单击"边框线"下拉按钮 ▼，在弹出的下拉列表中执行"边框和底纹"命令，如图 4-12 所示。

图 4-12　边框下拉列表

(2)打开"边框和底纹"对话框的"边框"选项卡，在"设置"区域中选择"方框"按钮，在"样式"列表中选择想要的线型，在"宽度"下拉列表中选择合适的磅值，在"应用于"下拉列表中选择"文字"选项，如图 4-13 所示。

(3)选择"底纹"选项卡，从"填充"中选择所需底纹颜色，从"图案"的"样式"中选择所需样式后，单击"确定"按钮，如图 4-14 所示，成功为文本添加边框和底纹。

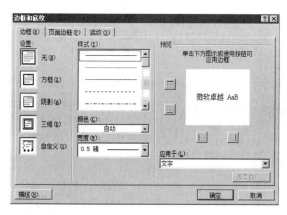

图 4-13　"边框"选项卡

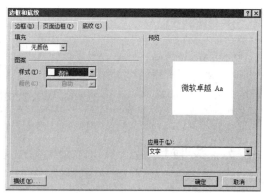

图 4-14　"底纹"选项卡

4.2.3　样式功能组

当写实验报告、课程总结、科技论文时，为版面美观，应该考虑标题及正文的格式，包括字体和段落的位置。如果不同的段落有不同的格式要求，对于一本篇幅较多的书籍来说，版面的设置和修改是十分烦琐的。Word 2010 给人们提供了一种轻松方便的排版方式——样式，它可以使文档中多形式的排版变得非常容易。

所谓样式，就是具有名称的一系列排版命令的集合。Word 2010 中已经有设置好的样式，如正文样式、标题样式等，如图 4-15 所示。

图 4-15　Word 2010 "样式" 功能组

要对文本设置预定义样式，需先选择文本，然后单击图 4-15 中相应样式；如没有，可单击样式选项对话框按钮，弹出图 4-16 所示 "样式" 选项对话框，选择合适的样式。用户还可通过在 "样式" 选项对话框中单击　按钮自定义新样式。

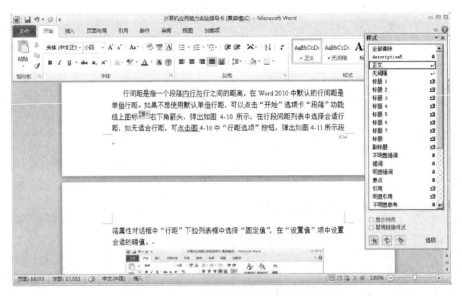

图 4-16　Word 2010 "样式" 选项对话框

4.3　实验任务

4.3.1　实验设备及工具

安装有 Windows 7 操作系统的计算机一台，Word 2010。

4.3.2　实验内容及步骤

要求：录入文本，按下述步骤设置 "字体" 和 "段落" 属性，效果见【样文 4-1A】。

（1）设置字体：第一行标题为隶书；第二行为仿宋；正文为华文行楷；最后一段"作者简介"为华文新魏，其余为楷体。

（2）设置字号：第一行标题为二号；其余为四号。

（3）设置字形："作者简介"一词加下划线。

（4）设置对齐方式：第一行和第二行为居中对齐。

（5）设置段落缩进：正文缩进 2 个字符；最后一段首行缩进 2 个字符。

（6）设置行（段落）间距：第一行标题为段前 1 行，段后 1 行；第二行为段后 0.5 行；最后一段为段前 1 行。

（7）将标题"满江红"设置"双波浪线"边框，底纹样式设置为"10％"。

（8）将作者简介复制一份到末尾，每一句话分成一段，按照【样文 4-1B】所示设置项目符号或编号。

【样文 4-1A】

岳飞

怒发冲冠，凭阑处、潇潇雨歇。抬望眼、仰天长啸，壮怀激烈。三十功名尘与土，八千里路云和月。莫等闲，白了少年头，空悲切。

靖康耻，犹未雪；臣子恨，何时灭。驾长车，踏破贺兰山缺。壮志饥餐胡虏肉，笑谈渴饮匈奴血。待从头、收拾旧山河，朝天阙。

<u>作者简介</u>　岳飞（1103～1142），字鹏举，宋相州汤阴县永和乡孝悌里（今河南安阳市汤阴县程岗村）人，中国历史上著名的军事家、战略家、民族英雄，位列南宋中兴四将之首。岳飞是南宋最杰出的统帅，他重视人民抗金力量，缔造了"连结河朔"之谋，主张黄河以北的抗金义军和宋军互相配合，夹击金军，以收复失地。岳飞的文学才华也是将帅中少有的，他的不朽词作《满江红》，是千古传诵的爱国名篇。

【样文 4-1B】

* 岳飞（1103～1142），字鹏举，宋相州汤阴县永和乡孝悌里（今河南安阳市汤阴县程岗村）人，中国历史上著名的军事家、战略家、民族英雄，位列南宋中兴四将之首。

* 岳飞是南宋最杰出的统帅，他重视人民抗金力量，缔造了"连结河朔"之谋，主张黄河以北的抗金义军和宋军互相配合，夹击金军，以收复失地。

* 岳飞的文学才华也是将帅中少有的，他的不朽词作《满江红》，是千古传诵的爱国名篇。

4.3.3 实验总结

(1)记录实验全过程，并写出实验报告。

(2)详细记录实验过程中遇到的问题，以及解决方法。

4.4 实验拓展

4.4.1 样式设置

完成第3章、第4章实验内容后，将其文本合并成一个文件，并按要求设置样式，效果如图4-17、图4-18所示。

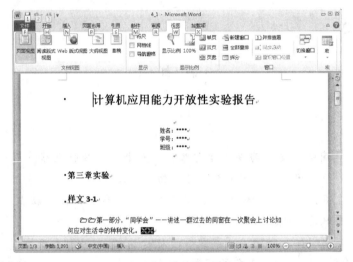

图 4-17 设置样式后效果图 1

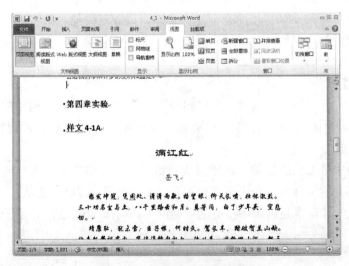

图 4-18 设置样式后效果图 2

(1)为整个文本添加标题"计算机应用能力开放性实验报告",并设置样式为标题 1。

(2)将第 3 章实验内容添加标题"第 3 章实验",设置样式为标题 2,"样文 3-1"、"样文 3-2"设置为标题 3,如图 4-17 所示。

(3)将第 4 章实验内容添加标题"第 4 章实验",设置样式为标题 2,"样文 4-1A""样文 4-1B"设置为标题 3,如图 4-18 所示。

4.4.2　导航操作

选择"视图"选项卡"显示"功能组中的"导航窗格" ☑ **导航窗格**,在文档左侧生成导航窗格,单击导航窗格中的文本光标即可定位到文本编辑区相应位置。如图 4-19 所示,单击导航窗格"样文 3-1",光标定位到"样文 3-1"前。

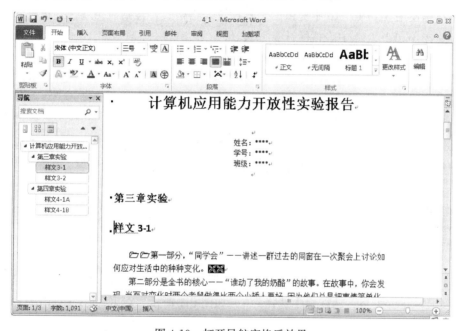

图 4-19　打开导航窗格后效果

第 5 章　Word 中表格操作

5.1　实验目的

(1)掌握 Word 2010 中表格创建与编辑的基本方法。

(2)熟练使用 Word 2010 中提供的工具设置表格格式，包括表格属性、边框和底纹。

(3)掌握 Word 2010 中表格的计算方法。

(4)能使用 Word 2010 中提供的工具设计复杂表格。

5.2　内容提要

Word 中表格应用主要包括：插入表格，增加行、列，删除行、列，设置表格的线条粗细和颜色等。下面将详细介绍表格的制作过程。

5.2.1　创建表格

1. 创建表格的方法

在 Word 2010 文档中，将鼠标插入点置于要建立表格的位置，在功能区切换到"插入"选项卡，在"表格"功能组中选择 ⊞，如图 5-1 所示，可通过以下常用的方式创建表格。

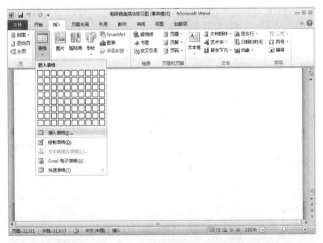

图 5-1　插入选项卡中"表格"功能组示意图

方法一：在图 5-1 所示的示意网格中，按住鼠标左键，在示意网格中向下或向右拖动，可创建不超过 8 行 10 列的表格。按住鼠标左键在示意网格中拖动，如选定 4 行 5 列，如图 5-2 所示。

方法二：在打开的下拉列表中执行"插入表格"命令，出现图 5-3 所示对话框，在"列数""行数"文本框中输入值，单击"确定"按钮即可创建表格。例如，创建 4 行 5 列表格，即在"列数"文本框中输入"5"，"行数"文本框中输入"4"，单击"确定"按钮即可。

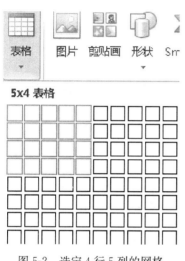

图 5-2 选定 4 行 5 列的网格

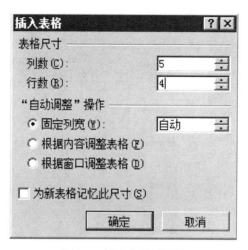

图 5-3 插入表格对话框

以上是两种常用的自定义表格的方法，然后通过编辑设置格式，当然也可通过图 5-1 所示"快速表格"命令创建预设内容即格式的表格。

2. 表格的基本操作

选中整个表格后，Word 2010 中会出现"表格工具"选项卡组，如图 5-4 所示。

图 5-4 "表格工具"选项卡组

其中"表格工具"的"设计"选项卡可设置表格样式、边框、底纹以及绘制边框等，如图 5-5 所示。

图 5-5 "表格工具"中"设计"选项卡

"表格工具"的"布局"选项卡可设置表格属性，新增、删除行列，拆分、合并单元格，设置单元格大小，设置文本对齐方式等，如图 5-6 所示。

图 5-6   "表格工具"中"布局"选项卡

1）自动套用格式

打开"表格工具"的"设计"选项卡，在"表格样式"功能组中单击"表格样式"右侧的"其他"按钮 ，如图5-5所示，在打开的列表框中"内置"区域选择合适的样式即可完成表格格式预设工作，如图5-7所示。

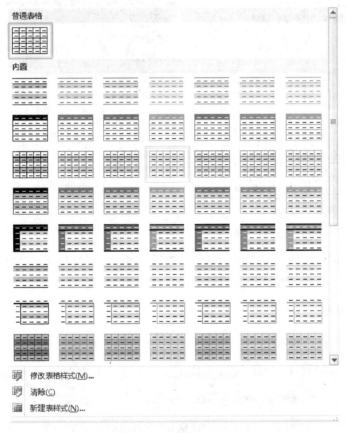

图 5-7   表格样式列表

2）表格行列操作

要对表格行列进行调整，先选中表格，然后在"表格工具"的"布局"选项卡"行和列"功能组中进行操作。相关功能按钮功能如下。

单击 按钮可删除选中的单元格、行或列。

单击 按钮可在所选行上方插入新的一行。

单击 按钮可在所选行下方插入新的一行。

单击 按钮可在所选列左方插入新的一列。

单击  按钮可在所选列右方插入新的一列。

上述相关功能在右击弹出的快捷菜单中有对应按钮。如图 5-8 和图 5-9 所示，分别为选中某行和整张表后右击弹出快捷菜单示意图。

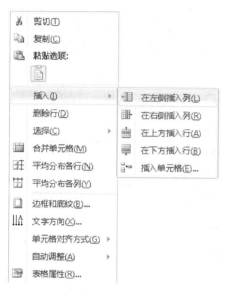

图 5-8　选中某行后右击弹出快捷菜单　　　　图 5-9　选中表后右击弹出快捷菜单

行列交换技巧：在进行行列交换时，可同时按住鼠标左键以及 Shift 键，拖动鼠标实现行列交换。

如要求将表 5-1 中"第二季度"一列数据移到"第一季度""第三季度"列间。

首先选择"第二季度"数据，如图 5-10 所示，当鼠标指针变为""时，同时按住鼠标左键以及 Shift 键拖动鼠标，拖动到"第一季度""第三季度"列之间，释放鼠标即可完成列的移动。

行间交换与上述方法类似，但选择数据行需选中行末行结束标志"↵"，如果不被选中，目标列的数据将被替换。如要求将表 5-1 中"洗衣机""彩电"行交换位置。

表 5-1　某商场家电销售统计表

类别	第一季度	第三季度	第二季度	第四季度
电冰箱	257000	334800	254500	165400
彩电	358500	523500	265400	474800
洗衣机	95800	184600	133500	265100
空调	84600	464500	75400	122000

按图 5-11 所示选中"洗衣机"一行及结束标志"↵"，当鼠标指针变为""时，同时按住鼠标左键以及 Shift 键拖动鼠标，拖动到"彩电"行释放鼠标即可完成整行移动。

如果按图 5-12 所示选中"洗衣机"一行而未选中行结束标志，交换后"彩电"行数据被空行替换，如图 5-13 所示。

类别↵	第一季度↵	第三季度↵	第二季度↵	第四季度↵
电冰箱↵	257000↵	334800↵	254500↵	165400↵
彩电↵	358500↵	523500↵	265400↵	474800↵
洗衣机↵	95800↵	184600↵	133500↵	265100↵
空调↵	84600↵	464500↵	75400↵	122000↵

图 5-10   选择表格列

类别↵	第一季度↵	第三季度↵	第二季度↵	第四季度↵	↵
电冰箱↵	257000↵	334800↵	254500↵	165400↵	
彩电↵	358500↵	523500↵	265400↵	474800↵	
洗衣机↵	95800↵	184600↵	133500↵	265100↵	
空调↵	84600↵	464500↵	75400↵	122000↵	

图 5-11   选择表格行及行结束标志"↵"

类别↵	第一季度↵	第三季度↵	第二季度↵	第四季度↵	↵
电冰箱↵	257000↵	334800↵	254500↵	165400↵	↵
彩电↵	358500↵	523500↵	265400↵	474800↵	
洗衣机↵	95800↵	184600↵	133500↵	265100↵	↵
空调↵	84600↵	464500↵	75400↵	122000↵	

图 5-12   未选中行结束标志"↵"

类别↵	第一季度↵	第三季度↵	第二季度↵	第四季度↵	↵
电冰箱↵	257000↵	334800↵	254500↵	165400↵	↵
彩电↵	358500↵	523500↵	265400↵	474800↵	↵
↵	↵	↵	↵	↵	↵
空调↵	84600↵	464500↵	75400↵	122000↵	↵

图 5-13   未选中行结束标志"↵"移动后结果

3）单元格操作

绘制好一个表格后，如果要添加单元格，无须重新创建，只需在原有的表格上进行修改即可。

要对表格单元格进行调整，先选中表格，然后在"表格工具"的"布局"选项卡"合并"功能组中进行操作，如图 5-14 所示。合并单元格，单击 ⊞ 按钮，可将选中的单元格合并成一个单元格；拆分单元格，单击 ⊟ 按钮，然后弹出如图 5-15 所示的对话框，输入拆分目标行数、列数，单击"确定"按钮即可。

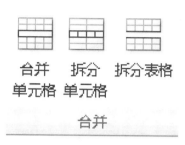

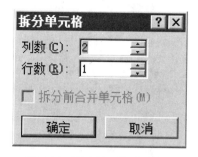

图 5-14 "布局"选项卡"合并"功能组　　　　图 5-15 拆分单元格对话窗口

上述相关功能在右击弹出的快捷菜单中有对应按钮。如图 5-16 和图 5-17 所示，分别为选多个、单个单元格后右击弹出快捷菜单示意图，两者的不同之处是图 5-16 中有 合并单元格(M) 按钮，而图 5-17 中有 拆分单元格(P)… 按钮。

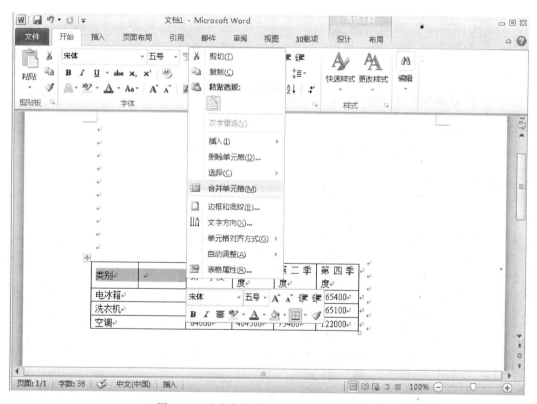

图 5-16 选中多个单元格右击弹出快捷菜单

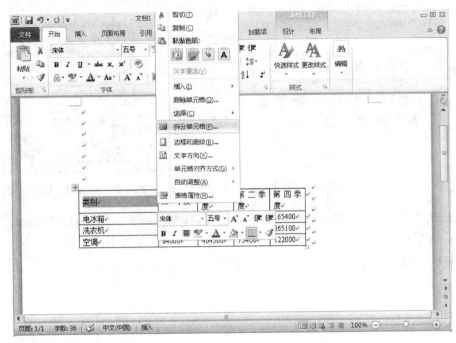

图 5-17　选中单个单元格右击弹出快捷菜单

5.2.2　设置表格格式

默认情况下，Word 会自动地设置表格格式，包括行高、列宽、文本对齐方式、边框线样式等格式。如果认为默认的格式不理想，可以在表格属性中设置。

1. 行高与列宽设置

要对整张表格行高、列宽等进行调整，先选中表格，然后在"表格工具"的"布局"选项卡"单元格大小"功能组中进行操作，如图 5-18 所示。

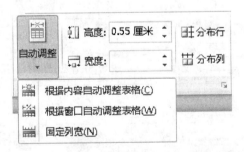

图 5-18　"布局"选项卡"单元格大小"功能组

1）按内容自动调整

单击自动调整列表中 按钮，会将表格按照内容多少自动调整。如选中表 5-1，单击 按钮，调整后效果如图 5-19 所示。

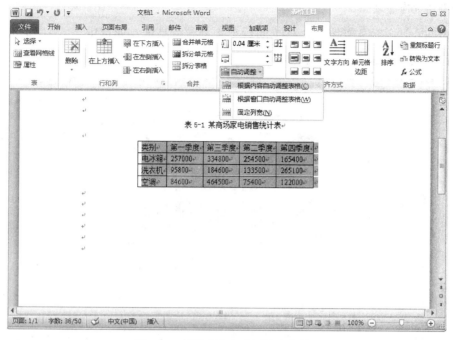

图 5-19　根据内容自动调整表格效果

2）按窗口自动调整

单击自动调整列表中 会适应窗口大小自动调整表格。如选中表 5-1，单击 按钮，调整后效果如图 5-20 所示。

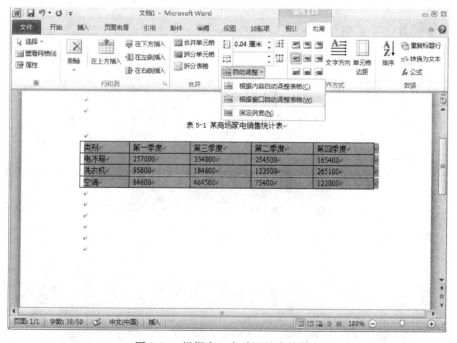

图 5-20　根据窗口自动调整表格效果

3)平均分布行高

单击图 5-18 中 按钮，会对所选行平均分配行高度。如选中表 5-1，单击 按钮，调整后效果如图 5-21 所示。

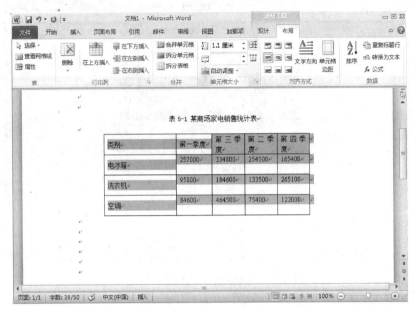

图 5-21　平均分布各行高度

4)平均分布列宽

单击图 5-18 中 按钮，会对所选列平均分配列宽度。如选中表 5-1，单击 按钮，调整后效果如图 5-22 所示。

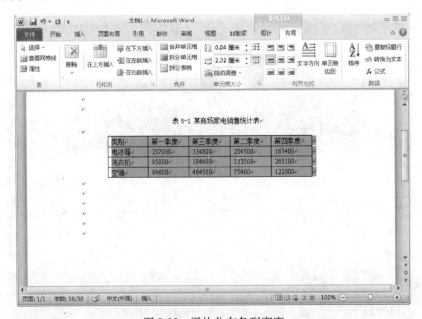

图 5-22　平均分布各列宽度

5）自定义行高列宽

单击图 5-18 中 高度：0.04 厘米 向上 、向下箭头，可对行高进行调整，或者在框中输入值也可进行行高调整。

单击图 5-18 中 宽度：1.6 厘米 向上 、向下箭头，可对列宽进行调整，或者在框中输入值也可进行列宽调整。

当然也可在"表格属性"对话框中进行设置。单击图 5-18 中右下角 按钮，弹出属性对话框，如图 5-23 所示，选择"行"选项卡，然后勾选"指定高度"并设置高度值，再确定即可自定义行高；选择"列"选项卡，然后勾选"指定宽度"并设置宽度值，再确定即可自定义列宽。

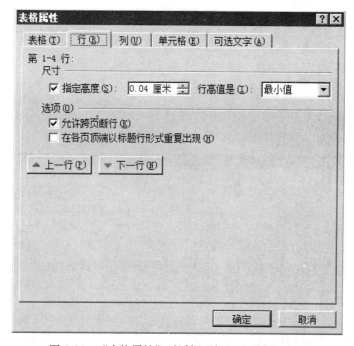

图 5-23 "表格属性"对话框"行"选项卡示意图

2. 文本对齐方式

要对表格文本对齐方式进行调整，先选中表格，然后在"表格工具"的"布局"选项卡"对齐方式"功能组中进行操作，如图 5-24 所示。可设置文本靠上两端对齐、靠上居中对齐、靠上右对齐、中部两端对齐、水平居中、中部右对齐、靠下两端对齐、靠下居中对齐、靠下右对齐，以及调整文字方向等。

图 5-24 对齐方式

3. 边框与底纹设置

新建表格后，可以对它的边框进行处理，或者给它的部分单元格甚至整个表格添加底纹，以突出所要强调的内容或者增强表格的美观性。

1) 添加边框

(1) 选定要添加边框的单元格或整个表格。

(2) 在"表格工具"的"布局"选项卡"表"功能组中单击"属性"按钮，打开如图 5-25 所示"表格属性"对话框，在"表格"选项卡中单击"边框和底纹"按钮，弹出如图 5-26 所示的"边框和底纹"对话框。

(3) 选择"边框"选项卡，在"设置"区中有以下几种设置。

① "无"：取消表格的边框，通常用来制作无线表格。若要查看无线表格的行与列的分界线，可以单击"表格工具"的"布局"选项卡"表"功能组中"查看网格线"按钮，虚框是不能被打印出来的。

② "方框"：只设置表格的外围框线，取消中间的网格线。

③ "全部"：设置表格中的全部框线。

④ "自定义"：对表格中不同的边框自定义相应的框线。选择此选项后，可以单击"预览"框中所显示表格的各条框线进行设置。

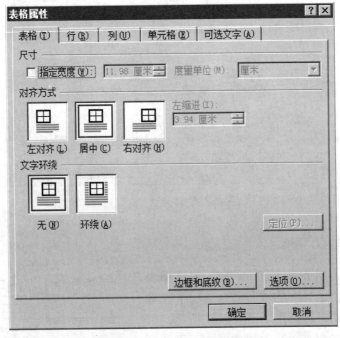

图 5-25　"表格属性"对话框"表格"选项卡示意图

(4) 在"样式"列表框中选择边框的线型，如实线、虚线边框等。

(5) 在"颜色"列表框中选择边框的颜色。

(6) 在"宽度"列表框中选择表格边框的宽度。

(7) 上述操作设置完后，单击"确定"按钮，完成对表格边框的设置操作。

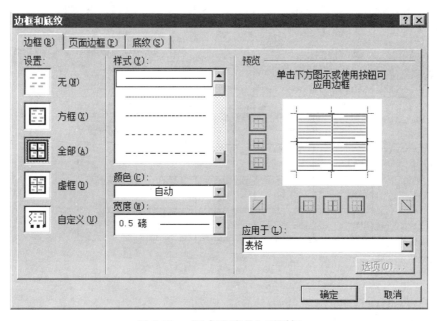

图 5-26 "边框和底纹"对话框

2）添加底纹

（1）选定需添加底纹的单元格或整个表格。

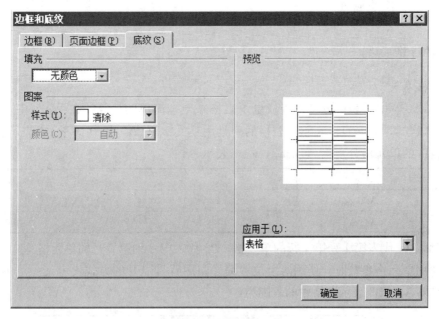

图 5-27 "底纹"选项卡

（2）单击图 5-26 中"底纹"选项卡，弹出如图 5-27 所示对话框。

（3）从"填充"中选择所需底纹颜色。

（4）从"图案"的"样式"中选择所需样式后，单击"确定"按钮，如图 5-28 所示，成功为表格添加底纹。

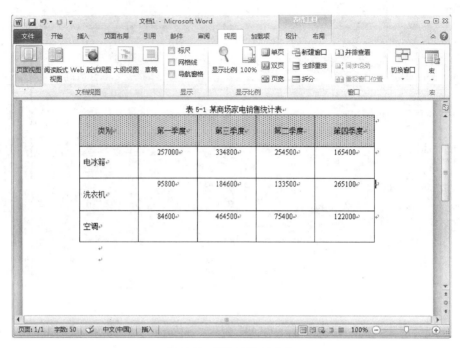

图 5-28　添加底纹的表格

5.2.3　表格其他操作

1. 表格的计算

1）表格参数

Word 2010 中的表格也可以当成电子表格来处理简单的运算。在 Word 中表格的行是以数字(1，2，3，…)来表示，表格的列是用英文字母(A，B，C，…)来表示。例如，下面表格中的单元格分别用 A1，B2，C1…表示。

A1	B1	C1
A2	B2	C2
A3	B3	C3

可以看到，A1 代表第 1 列第 1 行的单元格，B2 代表第 2 列第 2 行的单元格等。

在使用单元格参数时，使用两组位置编号间用冒号隔开的方式代表某一范围的单元格，例如，A1：B2 表示表格中的范围为：

A1	B1	C1
A2	B2	C2
A3	B3	C3

如果在两个参数间用逗号隔开，则只代表两个单元格，例如，A1，B2 表示表格中的范围为：

A1	B1	C1
A2	B2	C2
A3	B3	C3

如果两个参数相等，并且用冒号隔开，如 2：2、C：C 等，则表示一整行或一整列，如 C：C 在表格中的范围为：

A1	B1	C1
A2	B2	C2
A3	B3	C3

2）表格计算

如表 5-2 所示，计算每季度所有家电销售合计及每类家电每季度均值。

表 5-2　某商场家电销售汇总表

类别	第一季度	第三季度	第二季度	第四季度	平均
电冰箱	257000	334800	254500	165400	F2
洗衣机	95800	184600	133500	265100	F3
空调	84600	464500	75400	122000	F4
合计	B5	C5	D4	E5	F5

（1）将插入点置于存放结果的单元格中，如 B5 单元格。

（2）单击表格工具中"布局"选项卡，在"数据"功能组中执行"公式"命令，出现如图 5-29 所示的"公式"对话框。

（3）"公式"框中的内容默认为"＝SUM（ABOVE）"，即对当前列中以上数据进行求和，单击"确定"按钮即可完成第一季度家电销售总计计算。如果不使用默认的形式，也可以在框中输入"＝SUM（B2，B3，B4）"或"＝B2＋B3＋B4"并单击"确定"按钮即可。

（4）要完成其他运算如求平均值、减法等，在图 5-29 中"粘贴函数"下拉列表中选择相应函数，在函数参数列表中输入相应参数范围即可，该部分内容读者可自行学习。

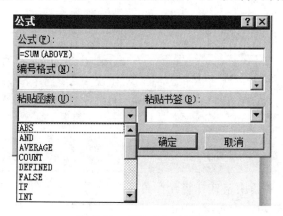

图 5-29　"公式"对话框

2. 表格转换为文本

在 Word 2010 中，可以把已经存在的文本转换成表格，也可以把表格转换成文本。

注意：要进行转换的文本应该是格式化的文本，即文本中的每一行用段落标记隔开，每一列用分隔符(如逗号、空格、制表符等)分开。

将表 5-2 转换成文本的步骤：

(1)选中整个表格。

(2)在"表格工具"的"布局"选项卡"数据"功能组中单击"转换为文本"命令，出现图 5-30 所示对话框。

(3)在图 5-30 所示的"表格转换成文本"对话框中选择一分隔符，默认为"制表符"。

(4)单击"确定"按钮即可。

图 5-30 "表格转换成文本"对话框

5.3 实验任务

5.3.1 实验设备及工具

安装有 Windows 7 操作系统的计算机一台，Word 2010。

5.3.2 实验内容及步骤

按下列要求创建、设置表格如【样文 5-1】所示。

【样文 5-1】

类别	第一季度	第二季度	第三季度	第四季度	平均
电冰箱	155000	334800	257000	254500	
彩电	358500	184600	95800	133500	
洗衣机	95800	464500	84600	75400	
空调	84600	75400	364500	122000	
总计					

(1)创建表格并自动套用格式：将光标置于文档第一行，创建一个 3 行 3 列的表格，为新创建的表格自动套用"中等深浅列表 1-强调文字颜色 1"的表格样式。

(2)制作如表 5-3 所示表格，并录入数据。

表 5-3　某商场家电销售统计表

类别	第一季度	第三季度	第二季度	第四季度		平均
电冰箱	155000	257000	334800	254500		
彩电	358500	95800	184600	133500		
洗衣机	95800	84600	464500	75400		
空调	84600	364500	75400	122000		
总计						

(3)表格行和列的操作：删除表格中"第四季度"一列右侧的一列(空列)；将"第二季度"一列移至"第三季度"一列和"第一季度"一列之间；将表格平均分布。

(4)合并或拆分单元格：将表格中"类别"单元格与其右侧的单元格合并为一个单元格。

(5)表格格式：将表格中数值单元格的对齐方式设置为中部居中；第一行设置为橙色底纹，其余各行设置为"深蓝，文字 2，淡出 60％"底纹。

(6)表格边框：将表格外边框设置为双实线；网格横线设置为点画线；网格竖线设置为细实线。

(7)用公式计算出"总计"行各单元格值，"平均"列各单元格值。

(8)将上述表格按照平均值降序排序。步骤如下：选中表格数据，在"表格工具"的"布局"选项卡"数据"功能组中单击"排序"按钮，出现图 5-31 所示对话框，然后设置相应参数(如排序关键字、升序或降序排序规则)，单击"确定"按钮即可。

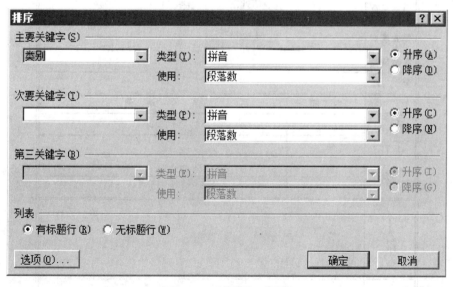

图 5-31　"排序"对话框

5.3.3　实验总结

(1)记录实验全过程，并写出实验报告。

(2)详细记录实验过程中遇到的问题，以及解决方法。

5.4 实验拓展

要求：按照【样文 5-2】绘制个人简历表。步骤如下。

(1)建立一张 15 行 7 列表格。

(2)合并相应单元格，然后输入相应文字，如【样文 5-3】所示。

(3)设置相应文字字体、字号、对齐方式。

(4)调整相应行的高度和相应列宽度。

(5)按【样文 5-2】设置边框线。

(6)预录入数据，预设"性别"数据为男和女，"学历"数据为研究生、本科、大专和其他。

【样文 5-2】

姓　名		性　别	男	出生年月		照片
籍　贯		民　族		政治面貌		
身体状况		身高		所学专业		
毕业院校		学历	研究生	语言水平		
通信地址			研究生 本科 大专 其他	联系方式		
择业意向						
性格特征						
爱　好						
学习 工作 简历	时　间		所　在　单　位			
个人能力						
专业技能						

【样文 5-3】

姓　名		性　别		出生年月		照片
籍　贯		民　族		政治面貌		
身体状况		身高		所学专业		
毕业院校		学历		语言水平		
通信地址				联系方式		
择业意向						
性格特征						
爱　好						
学习工作简历		时　间		所　在　单　位		
个人能力						
专业技能						

①调整窗体工具栏。执行“文件”中“选项”命令，打开“Word 选项”对话框，如图 5-32 所示，选择“自定义功能区”选项卡，在右侧“自定义功能区”区域的列表框中选择“主选项卡”，在“主选项卡”列表中选中“开发工具”复选框，单击“确定”按钮后 Word 工具栏会发生变化，如图 5-33 所示。

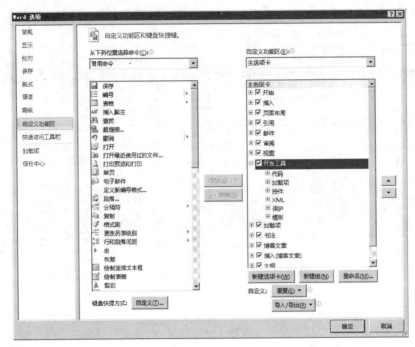

图 5-32　选择"Word 选项"中"开发工具"对话框

图 5-33　"开发工具"选项卡

②选中需预设数据的单元格，执行"开发工具→控件"组"旧式窗体"命令，打开"窗体"工具栏，如图 5-34 所示，在"窗体"工具栏中选择"组合框（窗体控件）"，在单元格中插入下拉窗体域。

图 5-34　"窗体"工具栏

图 5-35　"下拉型窗体域选项"对话框

③双击该窗体域，打开"下拉型窗体域选项"对话框，在"下拉项"文本中输入"男"，单击"添加"按钮，然后输入"女"，单击"添加"按钮，"下拉列表中的项目"

即会出现该列表项，如图 5-35 所示。

④单击"开发工具"选项卡→"保护"功能组→"限制编辑"命令，打开"限制格式和编辑"对话框，如图 5-35 所示，选中"2．编辑限制"→"仅允许在文档中进行此类型的编辑"复选框，在下拉列表中选择"填写窗体"，单击"是，启动强制保护"按钮。如图 5-37 所示，在打开的"启动强制保护"对话框中输入密码，单击"确定"按钮即可。设置后效果如图 5-38 所示。

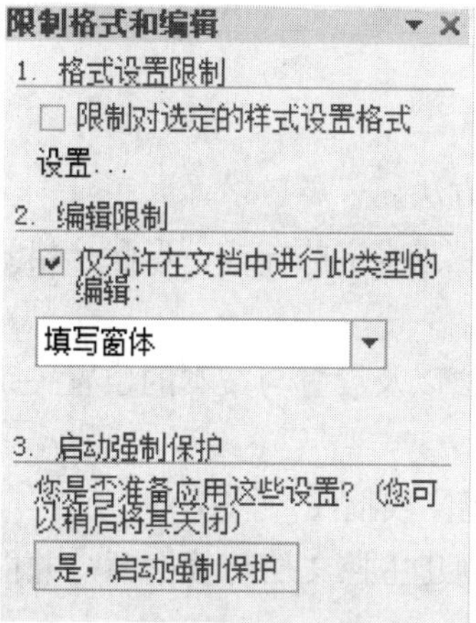

图 5-36　"限制格式和编辑"对话框 　　　　　图 5-37　"启动强制保护"对话框

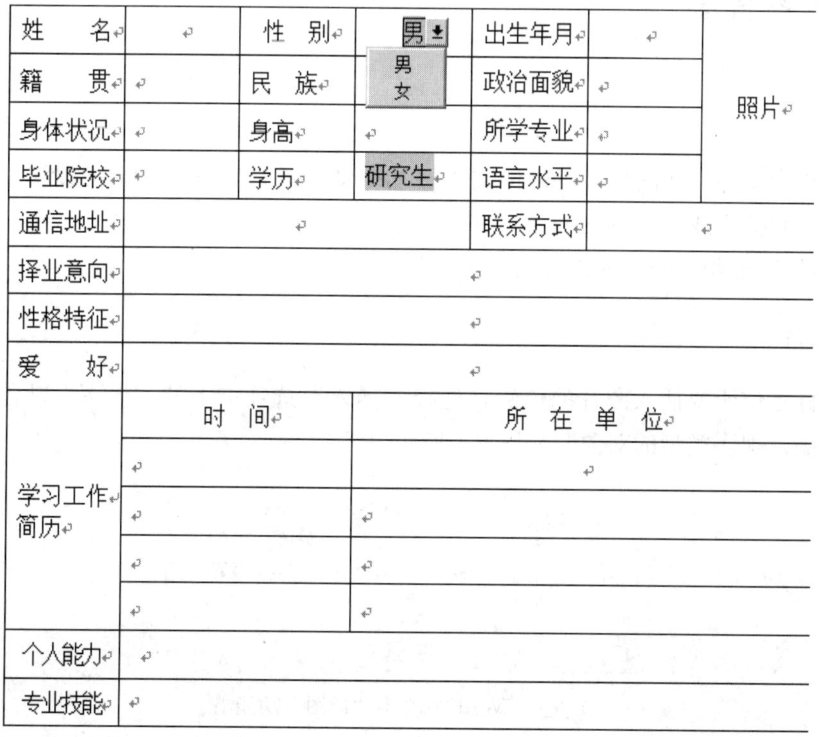

姓　　名		性　　别	男▾	出生年月		
籍　　贯		民　族	男 女	政治面貌		照片
身体状况		身高		所学专业		
毕业院校		学历	研究生	语言水平		
通信地址				联系方式		
择业意向						
性格特征						
爱　　好						
学习工作 简历	时　　间			所　在　单　位		
个人能力						
专业技能						

图 5-38　选择窗体域预设输入值

第6章　Word 中版面的设置与编排

6.1　实验目的

(1)掌握 Word 2010 中页面、文档版面设置基本方法。

(2)掌握 Word 2010 中艺术字的设置，能熟练设置艺术字的样式、形状、格式、阴影和三维效果。

(3)掌握 Word 2010 中对象插入文本中的基本方法以及设置与文本的位置关系，包括插入图文框和图片、设置页眉页码等。

(4)能使用 Word 提供的注释功能，包括脚注、尾注或批注。

(5)理解邮件合并的基本方法，能根据实际问题创建主控文档与数据源，并能合并数据和文档。

6.2　内容提要

6.2.1　插图

在文档中添加一些图片，可以使文档更加生动形象。Word 2010 可以将多种来源的图片或剪贴画插入或复制到文档中，并通过使用图片工具"格式"选项卡中"位置"及"自动换行"功能组命令更改图片与文本的位置关系。

1. 插入图片

将光标定位于要插入图片的位置，选择"插入"选项卡上的"插图"功能组，该功能组可以插入很多类型的对象，如图 6-1 所示。

图 6-1　Word 2010 中"插图"功能组

单击图 6-1 中"图片"按钮，打开"插入图片"对话框，在指定路径中选取文件，单击"插入"按钮，如图 6-2 所示。

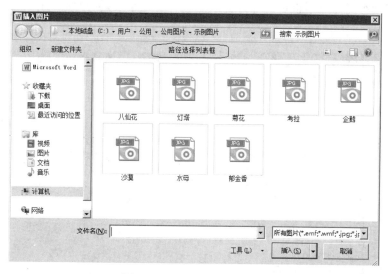

图 6-2　"插入图片"对话框

2. 设置图片格式

在文档中插入图片后，Word 2010 允许用户对其进行编辑，如调整图片大小、位置和环绕方式、裁剪图片、调整亮度和对比度等。

在文档中单击插入的图片后，该图片周围会出现 8 个控制点，同时显示"图片工具→格式"选项卡，如图 6-3 所示。

图 6-3　"图片工具"设置中"格式"选项卡

如设置图片的缩放比例为 50%，环绕方式为"紧密型环绕"，并为图片添加"剪裁对角线，白色"的外观样式。

(1)单击选中的图片，选择"图片工具"下的"格式"选项卡，单击"大小"功能组右下角按钮　，如图 6-4 所示。

图 6-4　"格式"选项卡"大小"功能组

（2）打开"布局"对话框，选择"大小"选项卡，在"缩放"区域中"高度"和"宽度"文本框中选择或输入"50%"，如图6-5所示，单击"确定"按钮即可。

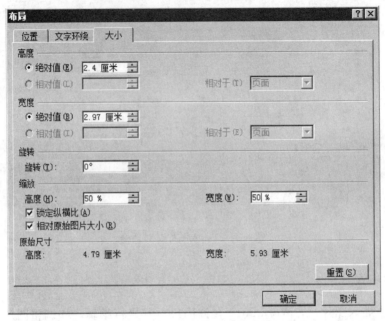

图6-5 "布局"对话框"大小"选项卡

（3）选择"图片工具→格式"选项卡，在"排列"组中单击"自动换行"下拉按钮，在弹出的下拉列表中选择"紧密型环绕"，如图6-6所示。还可在"布局"对话框"文字环绕"选项卡中设置图片与文字的环绕方式，如图6-7所示。

图6-6 环绕方式设置

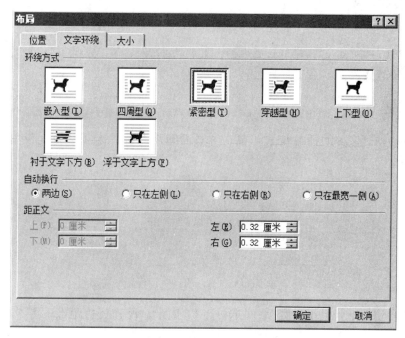

图 6-7 "布局"对话框"文字环绕"选项卡

（4）选择"图片工具→格式"，在"图片样式"功能组中单击"其他" ![] 按钮，在弹出的库中选择"剪裁对角线，白色"外观样式，如图 6-8 所示。

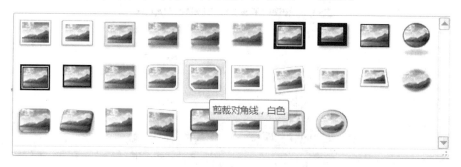

图 6-8 图片样式设置界面

（5）还可对图片其他属性进行设置，如对背景图片进行修改、更改图片对比度与亮度、设置颜色与艺术效果等，该部分功能集中在"图片工具→格式→调整"功能组中，如图 6-9 所示。

图 6-9 图片格式"调整"功能组

6.2.2 页面设置

Word 2010 中可对文字方向、页边距、纸张方向及大小、分栏、分隔符、页眉页脚等进行页面设置操作。

1. 页边距设置

将光标移动到文档的任意位置，单击"页面布局"选项卡下"页面设置"功能组，如图 6-10 所示。

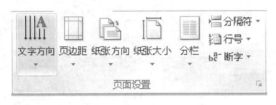

图 6-10 "页面布局"选项卡"页面设置"功能组

如要求自定义纸张大小为宽 20 厘米、高 25 厘米，设置页边距上下各 2 厘米、左右各 2.5 厘米。

在图 6-10 中单击右下角的对话框启动器 按钮，弹出"页面设置"对话框，选择"页边距"，如图 6-11 所示，在上、下文本框中选择或输入"2.0 厘米"，在左、右文本框中选择或输入"2.5 厘米"。

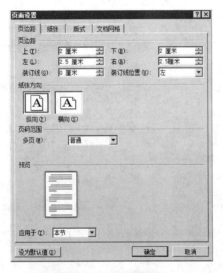

图 6-11 页边距设置

2. 纸张设置

1）纸张大小设置

在"页面设置"对话框中选择"纸张"选项卡，如图 6-12 所示，可在"纸张大小"列表框中选择预定义纸张大小，如 A4、B5 纸；也可自定义纸张大小，如本例在宽度中输入"20"、高度中输入"25",然后单击"确定"按钮即可。

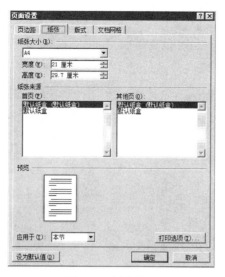

图 6-12　纸张设置

也可在图 6-10 所示"页面设置"功能组中单击"纸张大小"下拉按钮,在弹出的下拉列表中选择预设的纸张类型,或者自定义大小。

2)页面方向设置

若要改变纸张的方向,则执行"页面布局→纸张方向"命令,在弹出的列表中可选择"纵向"或"横向"排列。或在"页面设置"对话框"页边距"选项卡"纸张方向"中选择"纵向"或"横向",如图 6-14 所示。

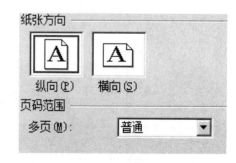

图 6-13　纸张方向选择 1　　　　图 6-14　纸张方向选择 2

如果经常使用某种大小的纸张和方向,可以在纸张的大小和方向进行设置后,单击图 6-12"页面设置"对话框"纸张"选项卡,选择一种纸张大小类型,然后单击 设为默认值① 按钮,则选择的纸张大小就被设置为默认值,以后就不用再进行设置了。

3. 分栏设置

如果需要给整篇文档分栏,那么先选中所有文字;若只需要给某段落进行分栏,那么就单独地选择那个段落。

单击进入"页面布局"选项卡，然后在"页面设置"选项组中单击"分栏"按钮，在分栏列表中可以看到有一栏、二栏、三栏、偏左、偏右和"更多分栏"；这里可以根据自己想要的栏数来选择，如图 6-15 所示。

1）任意设置多栏

如果 Word 分栏列表中的分栏样式数不是自己想要的，可以单击进入"更多分栏"，在弹出的"分栏"对话框里面的"栏数"后面设定数目，最高上限为 11，可根据需求设置分栏数，如图 6-16 所示。

2）分栏加分隔线

如果想要在分栏的效果中加上"分隔线"，可以在"分栏"对话框中勾选"分隔线"复选框，然后单击"确定"按钮即可，如图 6-16 所示。

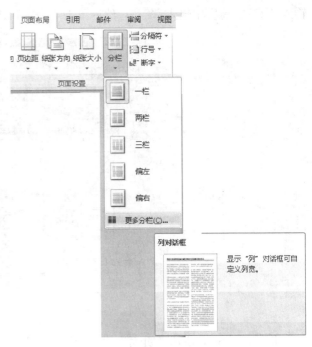

图 6-15 页面设置"分栏"功能

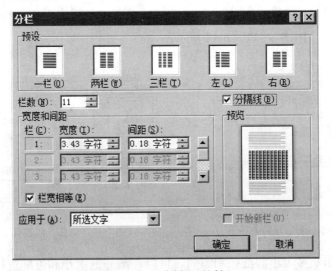

图 6-16 "分栏"对话框

4. 页眉页脚设置

页眉是指打印在文档中每页顶部的文本或图形，页脚是指打印在文档中每页底部的文本或图形。页眉页脚通常包含文档的标题和页码，也可以包含图形。

通常情况下，可设置奇数页和偶数页的页眉与页脚不同，也可为节或文档的第一页设置不同的页眉页脚。

1)添加页眉页脚

(1)将光标定位于文档或节的起始位置，单击 Word 2010 中"插入→页面和页脚"功能组中"页眉"按钮，如图 6-17 所示。

(2)在打开的下拉列表中选择适合的样式(如"空白"、"空白(三栏)"、"奥斯汀"等)，如图 6-18 所示，然后进入页眉编辑区域，输入相应文本即可完成页面设置。

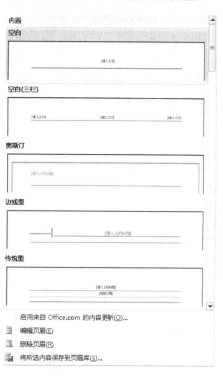

图 6-17　页眉页脚功能组　　　　　　　图 6-18　页眉设置列表

(3)同理可在图 6-17 所示功能组中单击"页脚"按钮，然后在弹出的下拉列表中选择适合的样式，进入页脚编辑区域，输入相应文本即可完成页面设置。

(4)当操作进入页眉页脚编辑区时，Word 2010 会出现如图 6-19 所示页眉和页脚设置工具，可对相关属性进行设置。

图 6-19　页眉和页脚设计工具栏

2)为首页设置不同的页眉页脚

要为首页设置不同的页眉页脚，可在图 6-19 中"选项"功能组中勾选"首页不同"，然后分别设置首页与其他页的页眉和页脚内容即可。

如果不希望首页出现页眉和页脚，则在首页页眉和页脚区不输入任何文本即可。

3）为奇偶页设置不同的页眉页脚

要为奇偶页设置不同的页眉页脚，可在图 6-19"选项"功能组中勾选"奇偶页不同"，然后分别设置奇数页与偶数页的页眉和页脚内容即可。

注意奇数页与偶数页的页眉和页脚各仅需设置一次即可。

4）为小节设置不同的页眉页脚

读者在阅读图书时会经常发现同一本书中各章设置的页眉信息不同，要实现该效果，需要设置页与页间的分隔符为"分节符"。

（1）将光标移动到章节结尾，然后执行"页面布局→页面设置→分隔符→分节符→下一页"命令，插入"分节符"，如图 6-20 所示。

（2）依次为每章重复上述操作。

（3）在页面页脚编辑区域对每节设置不同文本，即可实现上述要求的效果。

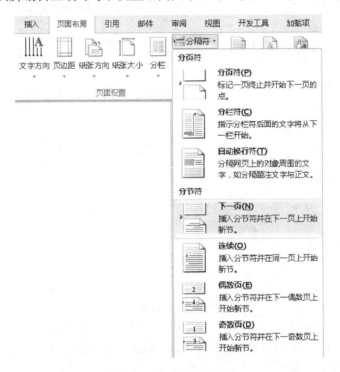

图 6-20　分节符设置窗口

5）页码设置

Word 中的页码是作为页眉或页脚的一部分插入到文档中。如图 6-21 所示，可选择在页面顶端（即页眉）、页面底端（即页脚）等位置，然后选择样式即可插入页码。

还可对页码格式进行设置，选择图 6-21 中"设置页码格式"，弹出图 6-22 所示"页码格式"对话框。

单击"编号格式"列表框右边的向下箭头，从列表框中选择页码数字的格式。

在"页码编号"中可选择是否"续前节"或"起始页码"。该功能可为不同节单独设置页码编号。

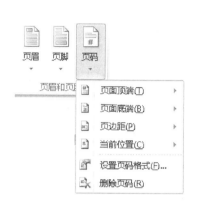

图 6-21　页码设置窗口

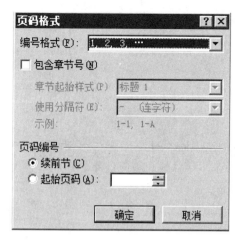

图 6-22　"页码格式"对话框

6.2.3　艺术字

在文档排版时，为表达特殊的效果，需要对文字进行一些修饰处理。利用 Word 2010 提供的艺术字功能，可将文字设置成艺术字。

如将文字"艺术设计"设置为艺术字，艺术字样式为第 6 行第 2 列；字体为华文行楷、字号为 48；并为其添加映像变体中的"紧密映像，8pt 偏移量"和转换中"停止"弯曲的文本效果；填充效果为渐变效果，预设麦浪滚滚；线条为粉橙色实线；文字环绕方式为嵌入型。

(1)将光标移动到要插入艺术字的位置，选择文字"艺术设计"，执行"插入→文本→艺术字"命令，在弹出的库中选择第 6 行第 2 列样式，如图 6-23 所示。

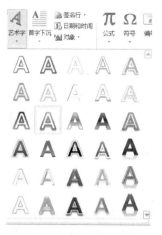

图 6-23　艺术字样式列表

(2)如图 6-24 所示，选中新插入的艺术字，在"开始"选项卡"字体"功能组的"字体"下拉列表中选择"华文行楷"，在"字号"下拉列表中选择"48"磅。

图 6-24　编辑艺术字

（3）选中插入的艺术字，Word 2010 中会出现艺术字格式设置工具，如图 6-25 所示。可设置艺术字样式、填充效果、形状、阴影效果、三维效果以及与文本的版式等。

图 6-25 艺术字格式设置工具栏

（4）选择图 6-25 中"文本效果"，在如图 6-26 所示下拉列表中选择"映像"，弹出如图 6-27 所示列表库，选择"紧密映像，8pt 偏移量"的文本效果。

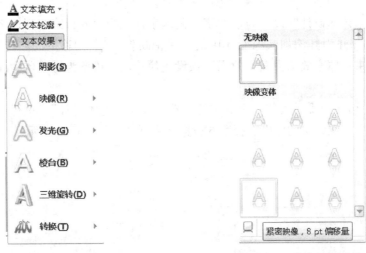

图 6-26　文本效果设置　　　　图 6-27　映像样式设置

（5）选择图 6-25 中"文本效果"，在如图 6-26 所示下拉列表中选择"转换"，弹出列表库如图 6-28 所示，选择"停止"弯曲的文本效果。

（6）选择图 6-25 中"形状填充"，如图 6-29 所示，在下拉列表中执行"渐变"命令，然后选择"其他渐变"，弹出如图 6-30 所示填充效果设置对话框，选择"渐变填充"，在"预设颜色"下拉列表中选择"麦浪滚滚"，然后单击"确定"按钮。

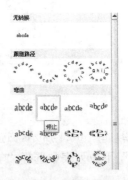

图 6-28　转换样式设置

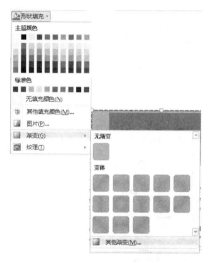

图 6-29　形状填充列表

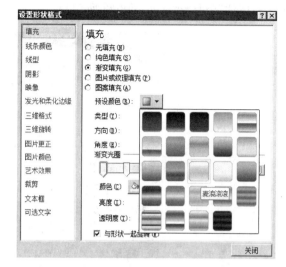

图 6-30　填充效果设置对话框

(7)选中艺术字，在弹出快捷菜单中执行"设置形状格式"命令，如图 6-31 所示，在线条颜色中选择"实线"，然后在"颜色"下拉列表中选择"橙色"，确定。

(8)在图 6-25"自动换行"中设置与文字环绕方式为"嵌入型"，如图 6-32 所示。

图 6-31　线条颜色设置

图 6-32　环绕方式设置

6.2.4　脚注与尾注

脚注一般位于页面的底部，可以作为文档某处内容的注释，而尾注一般位于文档的末尾，用于列出引文的出处等。

(1)选择需插入脚注或尾注的文本，单击"引用→脚注"功能组中 ▣ 按钮，弹出

"脚注和尾注"对话框，如图 6-33 所示。

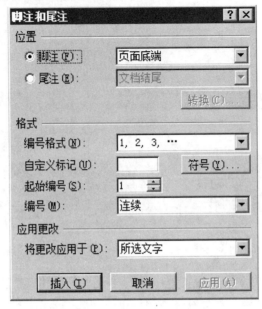

图 6-33 "脚注和尾注"对话框

(2)在"位置"区域选择"脚注"选项，可以插入脚注，如果要插入尾注，则选择"尾注"选项。

(3)可在"格式"区域设置编号格式及符号样式。如果要自定义脚注或尾注的引用标记，可以在"自定义标记"后面的文本框中输入作为脚注或尾注的引用符号，如果键盘上没有这种符号，可以单击"符号"按钮，从"符号"对话框中选择一个合适的符号作为脚注或尾注即可。

(4)单击"插入"按钮后，就可以开始输入脚注或尾注文本。

6.2.5 邮件合并

在日常工作事务中，需要将通知、信函、公文等等给不同的单位或个人。对于这样的文档，如果逐一书写，就会显得太麻烦。Word 提供了"邮件合并"功能，为处理上述事务提供了便利。

所要合并的邮件由两部分组成：主文档和数据源。一般主文档采用 Word 撰写，数据源文件采用 Excel 存储。在主文档中，可以输入固定的文本以及设置文本格式。数据源中包含了主文档中所需的各种特定信息，如姓名、电话、单位等。把数据源合并到主文档中，就能创建出一个实用的文档。

(1)创建主文档。在 Word 中按图 6-34 所示创建主文档，并在相应位置留出空白。

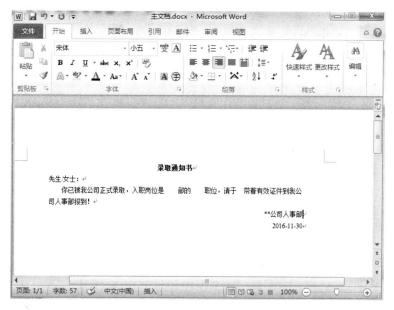

图 6-34　主文档内容

(2)创建数据源。在 Excel 中按表 6-1 所示创建数据源文件，并录入相应数据。

表 6-1　××公司招录人员表

姓名	部门	职位
江璐	销售	秘书
汪珊	人事	经理
李畅	开发	文员
刘飞	销售	经理
王友	开发	主管

(3)在主文档中单击"邮件"选项卡"开始邮件合并"按钮，在打开的下拉列表中选择"信函"文档类型，如图 6-35 所示。

图 6-35　开始邮件合并列表

（4）如图 6-36 所示，选择"选择收件人"下拉列表中"使用现有列表"，在弹出的"选取数据源"对话框中选择步骤（2）创建的数据源文件。

（5）编辑主文档。将光标定位在主文档"先生/女士："前面，在"邮件"选项卡"编写和插入域"功能组中单击"插入合并域"下拉按钮，在下拉列表中选择"姓名"域，同理将"部门""职位"域插入相应位置，如图 6-37 所示。

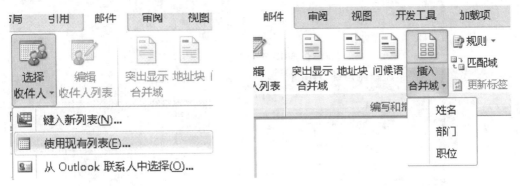

图 6-36　选择收件人　　　　　　图 6-37　插入合并域

（6）合并邮件。在"邮件"选项卡"完成"功能组中单击"完成并合并"按钮，在打开的下拉列表中执行"编辑单个文档"命令，在弹出的"合并到新文档"对话框中，选择"全部"按钮，单击"确定"按钮即可。

6.3　实验任务

6.3.1　实验设备及工具

安装有 Windows 7 操作系统的计算机一台，Word 2010。

6.3.2　实验内容及步骤

按下列要求创建、编辑文档版面，见【样文 6-1】。

（1）正文字体"楷体"，字号"小四"，行间距"20"磅。

（2）页面设置：设置页边距上、下各 2 厘米，左、右各 3 厘米。

（3）艺术字：标题"洪崖洞"设置为艺术字，艺术字样式为第 4 行第 1 列；字体为华文新楷、字号为 48；并为其添加映像变体中的"紧密映像，4pt 偏移量"和转换中"正 V 型"弯曲的文本效果；填充效果为渐变效果，预设雨后初晴；线条为粉黄色实线；文字环绕方式为四周型环绕。

（4）分栏：将正文除第一段外，其余各段设置为两栏格式，间隔距为 3 字符，加分割线。

（5）边框和底纹：为正文最后一段设置底纹，图案式样为 10%；为最后一段添加双波浪形边框。

（6）图片：在样文所示位置插入图片，图片缩放为 110%，文字环绕方式为紧密型。

(7)脚注和尾注：为第二行"民心工程"插入脚注"民心工程项目主要集中饮用水、生态环保、交通畅通、城镇住房、就业和再就业、社会保障、公共服务设施和城市美化等领域。"

(8)页眉和页脚：按样文添加页眉文字，插入页码，并设置相应的格式。

【样文 6-1】

民心工程项目主要集中饮用水、生态环保、交通畅通、城镇住房、就业和再就业、社会保障、公共服务设施和城市美化等领域。

6.3.3 实验总结

(1)记录实验全过程，并写出实验报告。

(2)详细记录实验过程中遇到的问题，以及解决方法。

6.4 实验拓展

6.4.1 目录生成

完成第 3~6 章实验内容后，将实验结果文本合并成一个文件，参照第 4 章实验拓展内容设置样式。

(1)为整个文本添加标题"计算机应用能开放性实验报告"，并设置样式为标题1。

（2）将第 3 章实验内容添加标题"第 3 章实验"，设置样式为标题 2，"样文 3-1""样文 3-2"设置为标题 3。

（3）将第 4 章实验内容添加标题"第 4 章实验"，设置样式为标题 2，"样文 4-1A""样文 4-1B"设置为标题 3。

（4）将第 5 章实验内容添加标题"第 5 章实验"，设置样式为标题 2，"样文 5-1""样文 5-2"设置为标题 3。

（5）将第 6 章实验内容添加标题"第 6 章实验"，设置样式为标题 2，"样文 6-1""样文 6-2"设置为标题 3。

（6）将光标移动到插入点后，执行"引用→目录"功能组中"目录→插入目录"命令，弹出如图 6-38 所示目录设置对话框，设置相应参数，单击"确定"按钮即可。

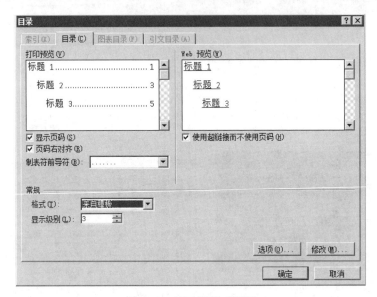

图 6-38　目录设置对话框

6.4.2　邮件合并

1. 创建主文档

在 Word 中按【样文 6-2】所示创建主文档，并在相应位置留出空白。

2. 创建数据源

在 Excel 中按【样文 6-3】所示创建数据源文件，并录入相应数据。

3. 合并邮件

将上述两文件进行邮件合并，合并后效果如【样文 6-4】所示。

【样文 6-2】

计算机等级考试成绩单

姓名	准考证号	报考级别	成绩	显示结果

【样文 6-3】

姓名	准考证号	报考级别	成绩	显示结果
李波	49010314002	三级	88	良好
王光辉	49010314038	三级	56	不及格
赵军	49010314046	三级	66	及格
刘丽	49010314071	二级	42	不及格

【样文 6-4】

计算机等级考试成绩单

姓名	准考证号	报考级别	成绩	显示结果
李波	49010314002	三级	88	良好

计算机等级考试成绩单

姓名	准考证号	报考级别	成绩	显示结果
王光辉	49010314038	三级	56	不及格

计算机等级考试成绩单

姓名	准考证号	报考级别	成绩	显示结果
赵军	49010314046	三级	66	及格

计算机等级考试成绩单

姓名	准考证号	报考级别	成绩	显示结果
刘丽	49010314071	一级	42	不及格

第7章 Excel 中工作簿操作

7.1 实验目的

(1)掌握 Excel 2010 中工作表的基本操作，包括工作表的插入设置、工作表的打印设置等。

(2)掌握 Excel 2010 单元格格式设置操作，包括设置单元格和单元格区域的字体、字号、字形、字体颜色、底纹和边框线、对齐方式、数字格式等。

(3)熟练使用 Excel 2010 输入公式、建立图表等 Excel 对象操作。

7.2 内容提要

7.2.1 Excel 2010 基本操作

Excel 除具备一般电子表格软件的功能外，还包括绘图、文档处理、数据清单的管理、商业统计图表、宏命令等。另外，Excel 还提供全新的分析和可视化工具，帮助用户跟踪和突出显示重要的数据趋势，从而让用户做出更好、更明智的决策。

1. 初识 Excel 2010

1)Excel 2010 界面

Excel 2010 基本界面如图 7-1 所示，包括标题栏、快速访问工具栏、功能区、名称框、函数编辑区、编辑区、显示视图按钮等。

(1)标题栏：显示正在编辑文档的文件名以及所使用的软件名。

(2)快速访问工具栏：常用命令按钮都放在这里，如"保存""撤销"。也可以根据个人喜好将常用命令按钮添加到这里来。

(3)功能区：与 Word 类似，Excel"功能区"也分布在屏幕的顶部。进行 Excel 文档操作所需的命令将分组置于各个功能选项卡中，如"开始""插入""页面布局""公式""数据"等。可以通过单击功能选项卡来切换显示的命令集。

(4)名称框：当选择 Excel 中某单元格后，会在该区域显示单元格名称。

(5)函数编辑区：在该区域可利用内置函数编辑相应公式，处理相应计算。

(6)编辑区：显示当前正在编辑的文档。

(7)显示视图按钮：用于更改正在编辑的文档的显示模式，以符合实际的要求。

图 7-1　Excel 2010 基本界面

2）工作簿、工作表和单元格

（1）工作簿。在 Excel 中创建的文件称为工作簿，其文件扩展名为 ".xlsx"。工作簿是工作表的容器，一个工作簿可以包含一个或多个工作表。

（2）工作表。工作表是在 Excel 中用于存储和处理各种数据的主要文档，由排列成行和列的单元格组成。默认情况下，创建新工作簿时总是包含 3 个工作表，分别为 Sheet1、Sheet2 和 Sheet3，如图 7-2 所示。

图 7-2　Excel 工作表

(3)单元格。在工作表中，行和列相交构成单元格。单元格用于存储公式和数据。单元格按照它在工作表中所处位置的坐标来引用，列坐标在前，行坐标在后。表格的行是以数字(1，2，3，…)来表示，表格的列是用英文字母(A，B，C，…)来表示，如图 7-3 所示。

	A	B	C	D	E	F
1	A1	B1	C1	D1	E1	F1
2	A2	B2	C2	D2	E2	F2
3	A3	B3	C3	D3	E3	F3
4	A4	B4	C4	D4	E4	F4
5	A5	B5	C5	D5	E5	F5
6	A6	B6	C6	D6	E6	F6

图 7-3　Excel 单元格

可以看到，A1 代表第 1 列第 1 行的单元格，B2 代表第 2 列第 2 行的单元格等，依次类推。

2. Excel 功能选项卡

1)"文件"选项卡

与 Word 文件选项卡类似，Excel 文件选项卡与其他功能选项卡有所不同，单击"文件"按钮，并不会在功能区显示各个功能组。

单击"文件"选项卡可以打开"文件"面板，包含"保存""另存为""打开""关闭""信息""最近所用文件""新建""打印""保存并发送"等常用命令，如图 7-4 所示。

图 7-4　文件选项卡

2）"开始"选项卡

"开始"选项卡如图 7-5 所示，提供了开始使用一个工作表所必需的功能，如剪贴板、字体、对齐方式、数字格式、样式、对单元格和数据操作等。

图 7-5　开始选项卡

3）"插入"选项卡

"插入"选项卡如图 7-6 所示，提供了多种插入操作功能组，如插入表格、图片、图表、迷你图、筛选图、链接、文本和符号公式等。

图 7-6　插入选项卡

4）"页面布局"选项卡

"页面布局"选项卡如图 7-7 所示，它是关于整个页面属性的设置，如页面主题和纸张大小、背景设置等。

图 7-7　页面布局选项卡

5）"公式"选项卡

"公式"选项卡如图 7-8 所示，该选项卡提供插入聚合函数、文本处理函数、数据函数、时间处理等。

图 7-8　公式选项卡

6）"数据"选项卡

"数据"选项卡如图 7-9 所示，该选项卡包括获取外部数据、排序和筛选、合并计算、分类汇总等。

图 7-9　数据选项卡

3. 编辑工作表

工作表操作包括复制工作表内容、更改工作表名称、编辑工作表中数据、插入或删除行列、更改行高和列宽等。

如将 Sheet1 工作表中的所有内容复制到 Sheet2 工作表中，将 Sheet2 工作表名称改为"客户订单表"，并将此工作表标签的颜色设置为标准色中的"紫色"，移动行列位置，删除空列或空列，设置行高为 33，列宽均为 10。

1）复制工作表内容

选中 Sheet1 工作表，按 Ctrl＋A 组合键选择整个工作表，然后通过复制、粘贴命令将现有工作表内容复制到 Sheet2 工作表中，如图 7-10 所示。

图 7-10　Excel 2010 工作表

2）重命名工作表

在 Sheet2 工作表的标签上右击，在弹出的快捷菜单中执行"重命名"命令，然后输入新的工作表名称"客户订单表"。

3）设置工作表标签颜色

为标示某工作表，可对其标签设置颜色。如在"客户订单表"工作表的标签上右击，在弹出的快捷菜单中执行"工作表标签颜色"命令，在打开的列表中选择标准色"橙色"，如图 7-11 所示。

4）行列操作

（1）插入行列。在"客户订单表"工作表中第 2 行的行号上右击，在弹出的快捷菜单中执行"插入"命令，即可在工作表中插入一空行。

（2）删除行列。在"客户订单表"工作表中第 E 列的列号上右击，在弹出的快捷菜单中执行"删除"命令，即可删除该列。

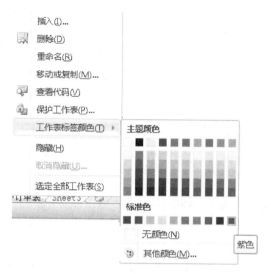

图 7-11　工作表标签颜色设置

（3）行列交换。将图 7-10 中订单编号为"DD10005"的一行移动到订单编号为"DD10004"、"DD10006"的行间。选择"DD10005"一行，当鼠标指针变为"✛"时，同时按住鼠标左键以及 Shift 键拖动鼠标，拖动到"DD10004"、"DD10006"行间释放鼠标即可完成整行移动。

（4）行高设置。选中"客户订单表"工作表第 1 行右击，在弹出的快捷菜单中执行"行高"命令，打开"行高"对话框，如图 7-12 所示，输入相应数值后单击"确定"按钮。

图 7-12　行高设置

7.2.2　工作表格式化

Excel 2010 提供了丰富的格式化命令，利用这些命令，可以完成数字显示、文字对齐、字形和字体、框线图案颜色等，从而制作出美观的表格。

1.　字符格式

1）"字体"功能组

Excel 2010"开始"选项卡中"字体"功能组包括字体、字号、字形、字符颜色、单元格边框等设置，如图 7-13 所示。

图 7-13　Excel 2010 "字体"功能组

2）设置字体

同 Word 类似，选中要改变字体的单元格，单击图 7-13 中 "字体"列表框右边的向下箭头，弹出下拉字体列表，用户可在该下拉列表中看到字体的外观，从而作出选择。

3）设置字号

要改变工作表中文本的字号，方法非常简单，选中相应单元格，然后单击图 7-13 所示 "字号"列表框右边的向下箭头，会弹出字号列表，用户根据需要进行选择。

4）设置字形

要改变工作表中文本的字形，选中相应单元格，然后执行图 7-13 所示 "字形"区域命令，如单击 "加粗" **B**、"倾斜" *I* 或 "下划线" U 按钮可完成相应区域字形设置。

5）设置字体颜色

在对单元格文本进行编辑时，可通过改变文字颜色的方式，达到突出重点的目的。

要改变工作表中文本的颜色，选中相应单元格，然后执行图 7-13 中 **A** ▾ 命令，弹出如图 7-14 所示颜色设置列表，在 "主题颜色"库中选择所需的颜色即可。

如要自定义更加丰富的颜色，可选择图 7-14 中 "其他颜色"，弹出如图 7-15 所示 "颜色"对话框，自定义颜色。

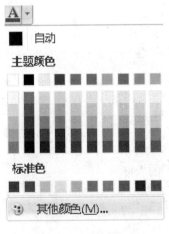

图 7-14　颜色设置列表

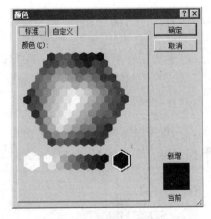

图 7-15　"颜色"对话框

2. 数值格式

有时需对工作表中输入的数字显示格式进行特殊处理，如制作财务报表时常用货币符号。

Excel 针对常用的数字格式，事先进行设置并加以分类，它包含常规、数值、货币、会计专用、百分比、分数等。

选择 Excel 2010 中"开始→数字"功能组，如图 7-16 所示，可完成以下格式设置。

图 7-16　数字格式设置工具

（1）"会计数字格式"按钮 ：在选定区域的数字前加上相应货币符号，如图 7-17 所示，可设置人民币"￥"等货币符号。

（2）"百分比样式"按钮 ％ ：将数字转化成百分数格式，即将原数字乘以 100，然后在结尾处加上百分号。如"0.56"显示为"56％"。

（3）"千位分隔样式"按钮 ， ：使数字从小数点向左每三位之间用逗号分隔。如"12345.67"显示为"12，345.67"。

（4）"增加小数位数"按钮 ：每次单击该按钮，使选定区域数字的小数位增加一位。

（5）"减少小数位数"按钮 ：每次单击该按钮，使选定区域数字的小数位减少一位。

图 7-17　"货币样式"设置列表

还可单击图 7-16 中 按钮，弹出如图 7-18 所示"设置单元格格式"对话框，设置更多的数字格式。

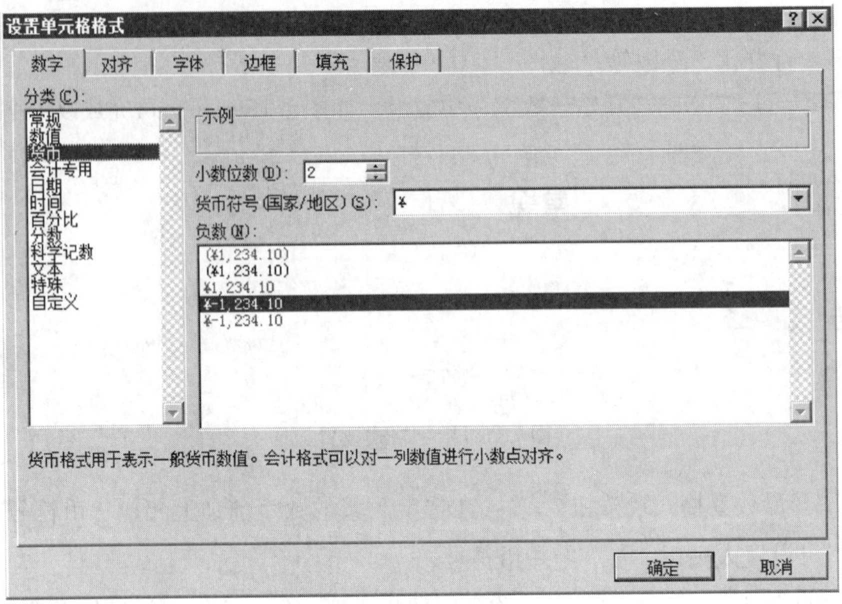

图 7-18 "设置单元格格式"对话框

3. 日期格式

可以改变 Excel 默认的时间和日期格式，建立自己定义的格式。要对输入的单元格数字进行日期格式设置，选择图 7-18 中"数字"选项卡，从"分类"列表框中选择"日期"选项，从"类型"列表框中选择所需的日期格式，如图 7-19 所示。

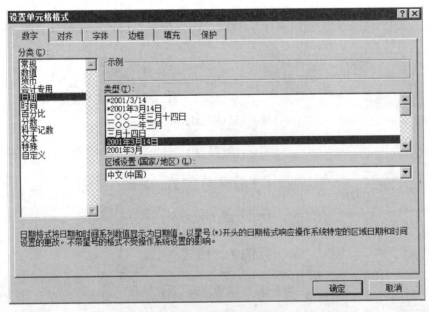

图 7-19 设置日期格式

4. 文本对齐方式

默认情况下，所有的文字在单元格中居左对齐，所有的数字、日期和时间在单元格中居右对齐，用户也可以改变数据在单元格中的对齐方式。

要设置工作表单元格中的对齐方式，首先选择相应单元格，然后在"开始"选项卡"对齐方式"功能组中进行操作，相关功能按钮如图 7-20 所示。

图 7-20　对齐方式设置

还可以单击图 7-20 中 █ 按钮，弹出如图 7-21 所示对话框，设置更多的对齐方式。

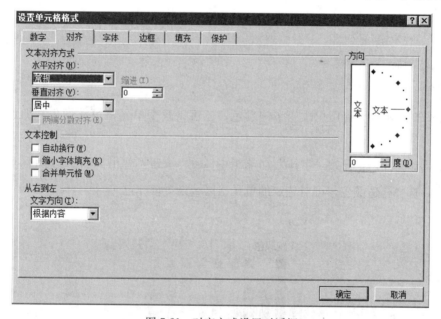

图 7-21　对齐方式设置对话框

5. 边框与底纹

1）边框

可以单击 Excel 2010 "开始"选项卡"字体"功能组中 ▦ ▼ 按钮，弹出如图 7-22 所示边框设置下拉列表，选择合适样式，可对选定的单元格区域设置边框线。还可以单击"其他边框"按钮，弹出如图 7-23 所示对话框，设置更多的边框样式。

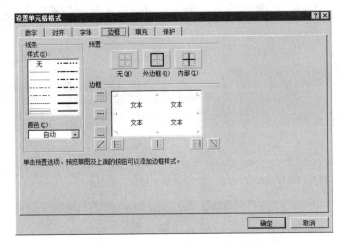

图 7-22　边框设置下拉列表　　　　　　图 7-23　边框格式设置对话框

2）底纹

Excel 2010 不仅允许用户改变字体颜色，还可以改变单元格填充颜色，即单元格的背景色。

单击 Excel 2010"开始→字体"功能组中 按钮，弹出如图 7-24 所示填充颜色下拉列表，选择合适颜色，可对选定的单元格区域设置填充色。

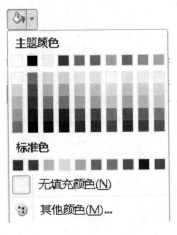

图 7-24　填充颜色下拉列表

还可以在"开始→字体"功能组中单击 ，在弹出的对话框中选择"填充"选项卡，如图 7-25 所示，设置更多的填充效果。

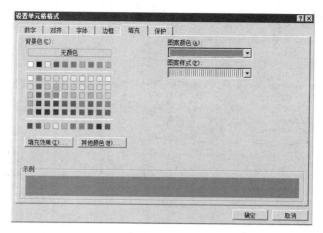

图 7-25　填充颜色设置对话框

7.2.3　页面设置

当对表格的编辑和排版工作都已经完成后，可打印输出。

Excel 中页面设置可规定页面边距、打印纸张的方向、大小、打印区域（即打印内容）、分隔符、打印标题等，如图 7-26 所示。

图 7-26　Excel 中页面设置

要设置页面相关属性可在图 7-26 中单击相应功能按钮，也可单击图 7-26 中 "▣" 按钮，在弹出的 "页面设置" 对话框（图 7-27）中进行设置。

1. 设置打印页面

如图 7-27 所示，在 "页面设置→页面" 选项卡中可对页面纸张方向、缩放比例、纸张大小进行设置。

在 "方向" 功能组中可设置打印纸张的方向是 "横向" 或是 "纵向"。

在 "缩放" 功能组中，选中 "缩放比例"，则可在 "正常尺寸" 框中输入所需百分比进行缩放打印设置。

在 "纸张大小" 列表框中指定纸张大小，默认情况是 A4 纸。

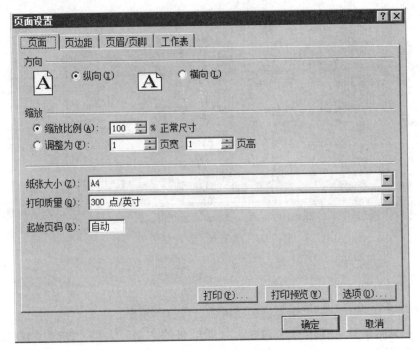

图 7-27　"页面设置"对话框

2. 设置页边框

选择"页面设置→页边距"选项卡，如图 7-28 所示。

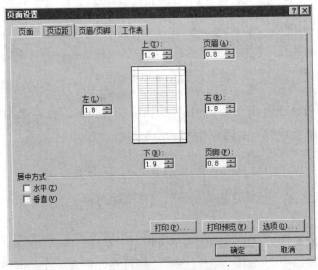

图 7-28　"页面设置"中"页边距"选项卡

在上、下、左、右框中输入相应值可调整打印文本与页边距离。

在"页眉""页脚"框中输入值可设置距离纸张上边缘、下边缘多远打印页眉或页脚。

3. 设置工作表选项

选择"页面设置→工作表"选项卡，如图 7-29 所示。

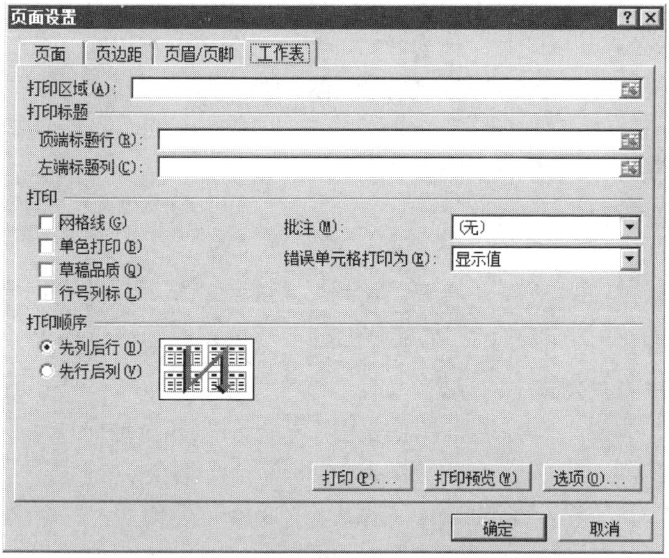

图 7-29 "页面设置"中"工作表"选项卡

在"打印区域"中可以选择被打印的工作表区域。要设置打印区域单击"打印区域"框，然后在工作表中选择想要的打印单元格区域即可。

要对工作表中每页打印相同的行、列标题，可设置"打印标题"。

4. 控制分页

在设置好页面后，如果打印的文档内容超过一页，Excel 会自动进行分页。然而有时自动分页的位置不合适，需要进行手工调整，这时可通过插入一个分隔符来实现分页位置的调整。

要插入分页符，首先选中插入位置，然后在图 7-30 所示中选择"插入分页符"即可。

图 7-30 分隔符设置

7.2.4 公式应用

Excel 之所以功能强大，与其强大的数据计算和处理能力有关。在 Excel 中，可以在单元格中输入公式或使用 Excel 提供的内置函数完成相应计算工作。

Excel 中输入公式是以"＝"作为开始，然后为公式的表达式。在一个公式中可以包含各种算术运算符、常量、变量、函数、单元格地址等，如：

＝50＊20 常量运算

＝A3＊100－B3 使用单元格地址

＝SUM(C2：C10) 使用函数

1. 引用位置

一个引用位置代表工作表上一个或者一组单元格，引用位置告诉 Excel 在哪个工作簿的哪个工作表中查找公式中的数据，如：

＝C3　　　　　　　　　当前工作表中 C3 单元格(相对地址)

＝＄C＄3　　　　　　　当前工作表中 C3 单元格(绝对地址)

＝Sheet1！C3　　　　　Sheet1 工作表中 C3 单元格

＝′[TF6－6.xlsx]Sheet1′！＄F＄21 TF6－6.xlsx 工作簿中 Sheet1 工作表中 C3 单元格

C3、Sheet1！C3 为相对地址引用，当把含有 C3、Sheet1！C3 地址的公式复制到新的位置时，公式中的单元格地址会变化。而＄C＄3、′[TF6－6.xlsx]Sheet1′！＄F＄21 为绝对地址引用，在复制过程中，包含有＄C＄3 的公式中的单元格地址不会变化。

如需要公式中单元格地址保持不变，可采用绝对地址引用，只需要在列号和行号前面添加符号"＄"即可。

2. 内置函数

Excel 中包含有很多预先建立的工作表函数来执行数学、字符串处理、逻辑等运算。

在 Excel 2010 中选择"公式"选项卡，如图 7-31 所示，Excel 预定义了多种函数如聚合函数、财务、逻辑、文本、日期和时间、查找与引用、数学和三角函数等。

如表 7-1 所示，计算表中水费、电费等的合计值，首先选择插入点，如 D17，然后单击图 7-31 中"插入函数"按钮会弹出如图 7-32 所示界面，选中 SUM 函数，弹出如图 7-33所示界面，输入相应引用地址后单击"确定"按钮即可。

图 7-31　Excel 2010 "公式"选项卡

表 7-1　业主物业费用统计表

	A	B	C	D	E	F	G	H
1								
2	业主物业费用统计表							
3	单元	门牌号	户主	水费	电费	取暖费	天然气费	物业管理费
4	一	101	陈东	80	52	200	30	60
5	二	102	谢新	45	33	120	18	18
6	一	103	刘源	75	55	360	42	51
7	一	201	刘建	50	40	180	21	40
8	三	201	沈叙	30	20	100	12	15
9	二	202	孙淼	88	53	360	39	44
10	二	202	卢华	65	50	300	35	28
11	四	204	林志强	77	65	600	50	65
12	三	301	陆伟	28	19	260	10	24
13	四	302	董建光	63	41	270	20	29
14	一	401	杜彭飞	46	32	300	22	41
15	二	402	陈俊	53	41	370	31	30
16	三	403	李伟峰	100	60	500	45	80
17		合计						

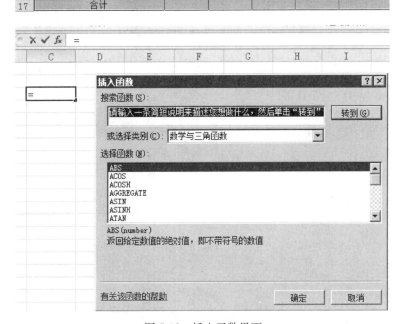

图 7-32　插入函数界面

图 7-33　函数参数设置界面

在图 7-32 所示界面中，Excel 为每个函数提供了使用说明，用户可自行学习使用。

7.2.5 图表应用

Excel 除可以插入图形外，还可以插入图表，将工作表中的数据用图表方式显示可以使得数据更加易于阅读和理解，并可以帮助使用者分析和比较数据。

打开 Excel 2010，新建工作簿，选择"插入"选项卡，如图 7-34 所示。Excel 对图表的操作包括制作柱形图、折线图、饼图、条形图、面积图、散点图等。

图 7-34　Excel 图表功能按钮

如根据表 7-1 建立一柱形图，数据包括户主、水费、电费列。

1. 创建图表

选择单元格区域 C3：E16，然后单击图 7-34 所示"柱形图"按钮，弹出如图 7-35 所示界面，选择"二维柱形图"。

图 7-35　柱形图样式列表

选中所创建的图标，可对图表样式、位置、布局、格式等进行调整，如图 7-36 所示。

图 7-36　Excel 中 "图表工具" 的 "设计" 选项卡

2. 移动图表

选中所创建的图标，在 "图表工具" 的 "设计" 选项卡下单击 "位置" 组中的 "移动图表" 按钮，在弹出的 "移动图表" 对话框中，在 "对象位于" 下拉列表中选择 Sheet3 工作表，单击 "确定" 按钮，如图 7-37 所示。

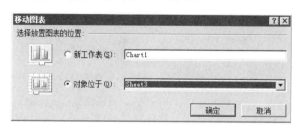

图 7-37　"移动图表" 对话框

3. 设置图表标题

在 "图表工具" 的 "布局" 选项卡下单击 "标签" 功能组中的 "图表标题" 按钮，如图 7-38 所示，在弹出的下拉列表中选择 "图表上方"，然后输入标题文本即可。

图 7-38　Excel 中图表工具布局选项卡

4. 设置坐标轴标题

（1）在 "图表工具" 的 "布局" 选项卡下单击 "标签" 功能组中的 "坐标轴标题" 按钮，在弹出的下拉列表中选择 "主要横坐标轴标题" 选项下 "坐标轴下方标题"，如图 7-39所示，输入标题名 "业主"。

图 7-39　坐标横轴标题设置

(2)在"图表工具"的"布局"选项卡下单击"标签"功能组中的"坐标轴标题"按钮，在弹出的下拉列表中选择"主要纵坐标轴标题"选项下"竖排标题"，如图 7-40 所示，输入标题名"费用"。

图 7-40　坐标纵轴标题设置

(3)制作完成的图表如图 7-41 所示。

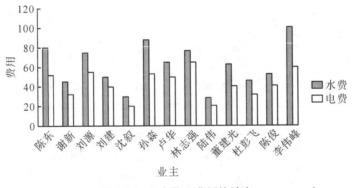

图 7-41　业主物业费用统计表

7.3　实验任务

7.3.1　实验设备及工具

安装有 Windows 7 操作系统的计算机一台，Excel 2010。

7.3.2　实验内容及步骤

1. 建立 Excel 工作簿，录入相应文本

录入【样文 7-1】。

2. 设置工作表及表格

结果见【样文 7-2】。

1) 工作表的基本操作

(1) 在标题行下方插入一行，行高为 6。

(2) 将"黔江"一行移至"酉阳"一行的上方。

(3) 删除第"G"列 (空列)。

2) 单元格格式设置

(1) 将单元格区域 B2：G2 合并及居中；设置字体为华文行楷，字号为 18，颜色为深蓝。

(2) 将单元格区域 B4：G4 的对齐方式设置为水平居中。

(3) 将单元格区域 B4：B10 的对齐方式设置为水平居中。

(4) 将单元格区域 B2：G3 的底纹设置为浅蓝色。

(5) 将单元格区域 B4：G4 的底纹设置为黄色。

(6) 将单元格区域 B5：G10 的底纹设置为橙色。

3) 设置表格边框线

将单元格区域 B4：G10 的上边线设置为红色的粗实线，其他各边线设置为细实线，内部框线设置为虚线。

4) 插入批注

为"0"(C7) 单元格插入批注"该季度没有进入市场"。

5) 重命名并复制工作表

将 Sheet1 工作表重命名为"销售情况表"，并将此工作表复制到 Sheet2 工作表中。

6) 设置打印标题

在 Sheet2 工作表第 7 行的上方插入分页线；设置表格的标题为打印标题。

7) 公式应用

利用 Excel 提供的内置函数计算合计列数据。

3. 插入公式

在"销售情况表"末尾插入公式，结果见【样文 7-3】。

4. 建立图表

使用"销售情况表"工作表中的相关数据在 Sheet3 工作表中创建一个三维簇状柱形图。

按【样文 7-4】所示设置图表标题与坐标标题。

【样文 7-1】

城市	第一季度	第二季度	第三季度	第四季度		合计
**公司2016年度各地市销售情况表（万元）						
酉阳	126	148	283	384		941
黔江	0	88	276	456		820
郑州	266	368	486	468		1588
杭州	234	186	208	246		874
西安	186	288	302	568		1344
南京	98	102	108	96		404

【样文 7-2】

**公司2016年度各地市销售情况表（万元）					
城市	第一季度	第二季度	第三季度	第四季度	合计
黔江	0	88	276	456	820
酉阳	126	148	283	384	941
郑州	266	368	486	468	1588
杭州	234	186	208	246	874
西安	186	288	302	568	1344
南京	98	102	108	96	404

【样文 7-3】

$$(1+x)^n = 1 + \frac{nx}{1!} + \frac{n(n-1)x^2}{2!} + \cdots$$

【样文 7-4】

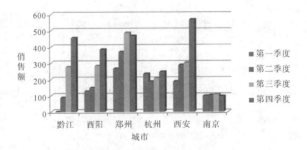

7.3.3 实验总结

(1)记录实验全过程，并写出实验报告。

(2)详细记录实验过程中遇到的问题，以及解决方法。

7.4 实验拓展

Excel 作为数据处理软件的最经典代表，应用广泛，有些表格作为一种固定模式，只希望别人去阅读，而不能进行任何更改，这样就需要把工作表保护起来，才能达到目的。

在 Excel 2010 中，使用者可以对某个工作表或工作簿指定保护以防止未经授权的人存取或改变工作簿。

7.4.1 保护工作表

要保护工作表，单击"审阅"选项卡"更改"功能组中"保护工作表"按钮，可设置工作表层次保护，设置后不知道密码的人能够打开工作表，但是不能保存修改，如图 7-42 所示。

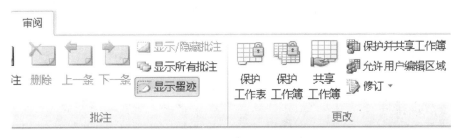

图 7-42 保护工作表功能组

7.4.2 保护工作簿

要保护工作簿，单击"审阅"选项卡"更改"功能组中"保护工作簿"按钮，可设置工作簿层次保护，设置后可防止工作簿的结构被修改，如移动、删除、添加工作表。

读者可根据上述提示自行练习工作表、工作簿层次的访问保护设置。

第8章　Excel 中数据计算

8.1　实验目的

(1)掌握应用公式或函数计算数据的总和、均值、最大值、最小值或指定的内容。

(2)熟练掌握 Excel 2010 数据管理功能，能对指定的数据排序、筛选、合并计算、分类汇总。

(3)掌握 Excel 2010 数据分析功能，能为指定的数据建立数据透视表或透视图。

8.2　内容提要

8.2.1　数据排序

为了比较数据，常常需要对数据按不同的条件排序。如对学生的考试成绩进行排序。以某学校学生的考试成绩为例，如图 8-1 所示，按总分从高到低排序。

**中学高二考试成绩表						
姓名	班级	语文	数学	英语	政治	总分
李小平	高二（一）班	72	75	69	80	296
麦孜	高二（二）班	85	88	73	83	329
张海江	高二（一）班	97	83	89	88	357
王硕	高二（三）班	76	88	84	82	330
刘红梅	高二（三）班	72	75	69	63	279
江海	高二（一）班	92	86	74	84	336
李朝	高二（三）班	76	85	84	83	328
许三多	高二（一）班	87	83	90	88	348
张玲铃	高二（三）班	89	67	92	87	335
赵丽娟	高二（二）班	76	67	78	97	318
高峰	高二（二）班	92	87	74	84	337
刘丽	高二（三）班	76	67	90	95	328
各科平均分		82.5	79.25	80.5	84.5	326.75

图 8-1　××中学高二年级考试成绩表

(1)打开工作表，选择"数据"选项卡，选中工作表中需排序的单元格区域 A2：G14，单击"排序和筛选"功能组中"排序"按钮，弹出"排序"对话框，如图 8-2

所示。

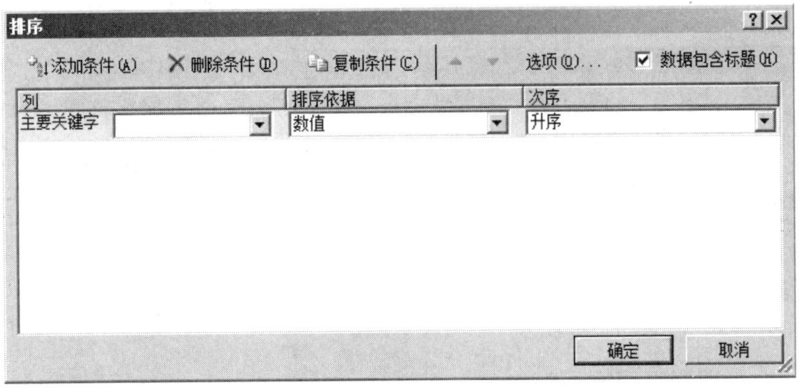

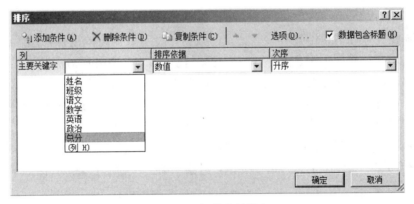

图 8-2 排序对话框

(2)在图 8-2 中，单击"主要关键字"右边向下箭头 ▼，在下拉列表中选择"总分"，如图 8-3 所示。

图 8-3 选择排序关键字

(3)在图 8-3 中单击"次序"列中的向下箭头 ▼，在下拉列表中选择"降序"，然后单击"确定"按钮，如图 8-4 所示。

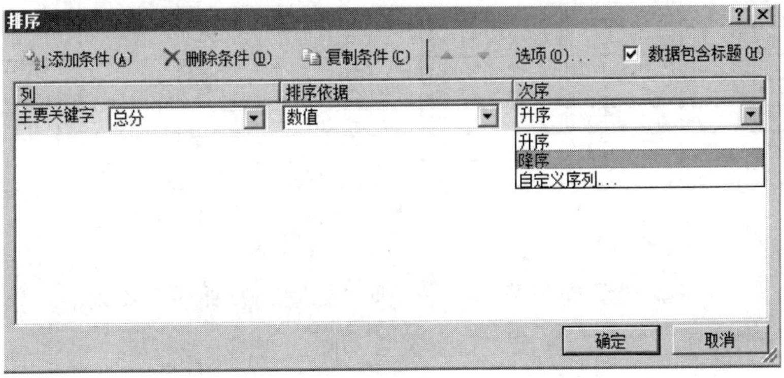

图 8-4 设置排序方式

（4）如还需添加排序条件，选择图8-2中"添加条件"，然后进行设置即可，如图8-5所示。

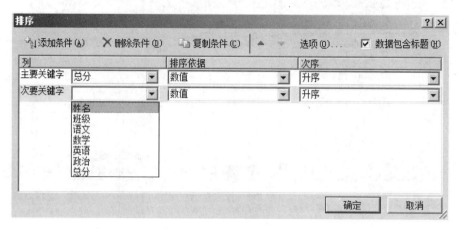

图 8-5　设置其他排序条件

8.2.2　数据筛选

如果需要在数据清单中查看一些特定的数据，可对数据清单进行筛选。将符合条件的数据筛选出来，而把不符合条件的数据隐藏起来。Excel中有自动筛选和高级筛选两种方法。因自动筛选使用方便，使用频率较高，本书重点介绍。

如要求筛选出总分大于等于300分的学生成绩单，以下介绍采用前面使用的数据清单。

（1）自动筛选操作非常简单，单击数据区域内的表头行，然后在"数据"选项卡中单击"排序和筛选"功能组中"筛选"按钮，数据自动进入筛选状态，如图8-6所示。

	A	B	C	D	E	F	G
1			**中学高二考试成绩表				
2	姓名 ▼	班级 ▼	语文 ▼	数学 ▼	英语 ▼	政治 ▼	总分 ▼
3	李小平	高二（一）班	72	75	69	80	296
4	麦孜	高二（二）班	85	88	73	83	329
5	张海江	高二（一）班	97	83	89	88	357
6	王硕	高二（三）班	76	88	84	82	330
7	刘红梅	高二（三）班	72	75	69	63	279
8	江海	高二（一）班	92	86	74	84	336
9	李朝	高二（三）班	76	85	84	83	328
10	许三多	高二（一）班	87	83	90	88	348
11	张玲铃	高二（三）班	89	67	92	87	335
12	赵丽娟	高二（二）班	76	67	78	97	318
13	高峰	高二（二）班	92	87	74	84	337
14	刘丽	高二（三）班	76	67	90	95	328

图 8-6　自动筛选设置

（2）单击图8-6中总分旁向下箭头 ▼ ，弹出如图8-7所示下拉列表，单击"数字筛选"中"大于或等于"按钮，弹出"自定义自动筛选方式"对话框，设置筛选值后单击"确定"按钮，如图8-8所示。

图 8-7　自动筛选下拉列表

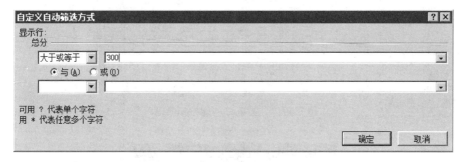

图 8-8　"自定义自动筛选方式"对话框

（3）如需设置其他筛选条件，如设置语文成绩不低于 80 分，方法与上述类似。

8.2.3　数据汇总

分类汇总是对数据清单中的数据按某个要求进行分类后再进行汇总。进行分类汇总时，系统会自动创建公式，对数据清单中的字段进行求和、求平均值等运算。

分类汇总的数据清单每列需要有列标题，系统使用列标题创建分组条件然后进行汇总。

注意：汇总前需要先按照汇总条件排序，否则会出现同一类有几个汇总项。

如要将前面数据清单按照班级汇总，汇总方式是求平均值，选定汇总项为各科考试成绩和总分。

（1）选定需汇总的数据区域，然后按照班级升序排序，方法见 8.2.1 小节。如不按照班级排序，汇总结果如图 8-9 所示，同一个班会有几行汇总数据。

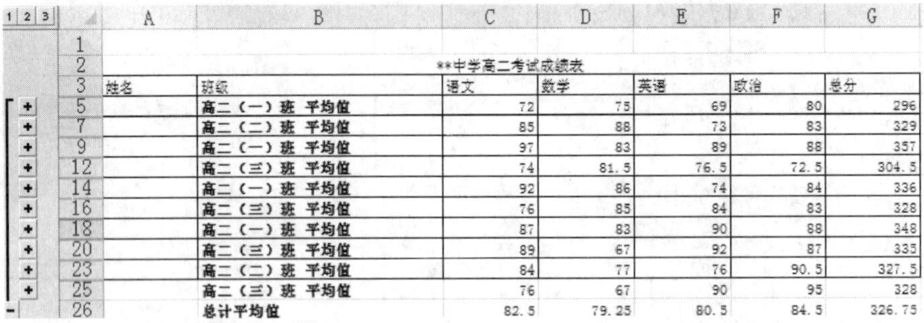

1 2 3		A	B	C	D	E	F	G
	1							
	2			**中学高二考试成绩表				
	3	姓名	班级	语文	数学	英语	政治	总分
	5		高二（一）班 平均值	72	75	69	80	296
	7		高二（二）班 平均值	85	88	73	83	329
	9		高二（一）班 平均值	97	83	89	88	357
	12		高二（三）班 平均值	74	81.5	76.5	72.5	304.5
	14		高二（一）班 平均值	92	86	74	84	336
	16		高二（三）班 平均值	76	85	84	83	328
	18		高二（一）班 平均值	87	83	90	88	348
	20		高二（三）班 平均值	89	67	92	87	335
	23		高二（二）班 平均值	84	77	76	90.5	327.5
	25		高二（三）班 平均值	76	67	90	95	328
	26		总计平均值	82.5	79.25	80.5	84.5	326.75

图 8-9　分类汇总前未按分类字段排序汇总的结果

（2）如图 8-10 所示，在"数据"选项卡中单击"分级显示"功能组中"分类汇总"按钮，弹出如图 8-11 所示"分类汇总"对话框。

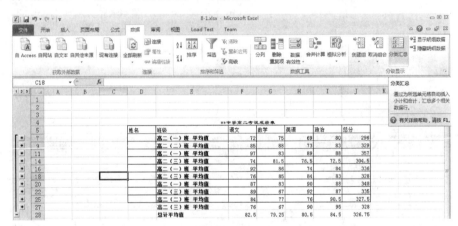

图 8-10　分类汇总功能按钮示意

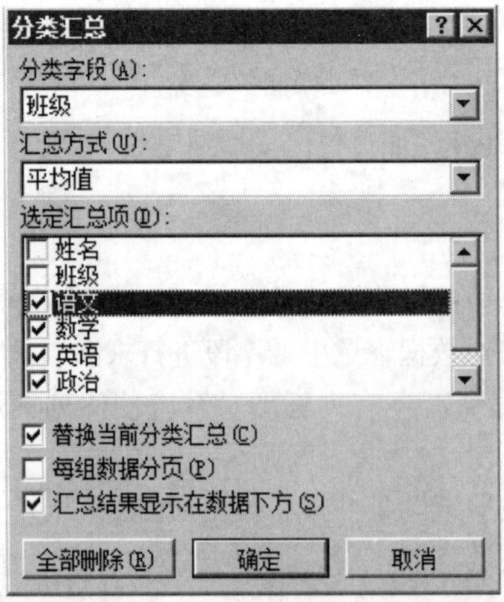

图 8-11　"分类汇总"对话框

(3)在图 8-11 中"分类字段"下拉列表中选择"班级","汇总方式"下拉列表中选择"平均值","选定汇总项"列表中选择考试各个科目及总成绩，然后单击"确定"按钮，汇总后的结构如图 8-12 所示。

(4)在图 8-12 中左侧，可以看到分级显示的标志按钮。1、2、3 等数字按钮分别代表分级显示的层次，数字越小层次越高。单击图 8-12 中层次 2 按钮，即可按图 8-13 所示显示，用户可以根据需要选择显示某个层次汇总数据。

	A	B	C	D	E	F	G	H
1					**中学高二考试成绩表			
2								
3	姓名	班级		语文	数学	英语	政治	总分
4	麦政	高二（二）班		85	88	73	83	329
5	赵丽娜	高二（二）班		76	67	78	97	318
6	高峰	高二（二）班		92	87	74	84	337
7		高二（二）班 平均值		84.33333333	80.66666667	75	88	328
8	王硕	高二（三）班		76	88	84	82	330
9	刘红梅	高二（三）班		72	75	69	63	279
10	李朝	高二（三）班		76	85	84	83	328
11	张玲玲	高二（三）班		89	67	92	87	335
12	刘丽	高二（三）班		76	67	90	95	328
13		高二（三）班 平均值		77.8	76.4	83.8	82	320
14	李小平	高二（一）班		72	75	69	80	296
15	张海江	高二（一）班		97	83	89	88	357
16	江海	高二（一）班		92	86	74	84	336
17	许三多	高二（一）班		87	83	90	88	348
18		高二（一）班 平均值		87	81.75	80.5	85	334.25
19		总计平均值		82.5	79.25	80.5	84.5	326.75

图 8-12　分类汇总结果 1

	A	B	C	D	E	F	G	H
1					**中学高二考试成绩表			
2								
3	姓名	班级		语文	数学	英语	政治	总分
7		高二（二）班 平均值		84.33333333	80.66666667	75	88	328
13		高二（三）班 平均值		77.8	76.4	83.8	82	320
18		高二（一）班 平均值		87	81.75	80.5	85	334.25
19		总计平均值		82.5	79.25	80.5	84.5	326.75

图 8-13　分类汇总结果 2

(5)多重分类汇总。如上述数据清单中增加性别一列，要求先按班级分类汇总，再按性别分类汇总。

首先按照班级、性别排序；然后按照班级为分类字段进行分类汇总，汇总结果和上述相同；对上述汇总结果再一次分类汇总，分类字段为性别，此时不同的是，在"分类汇总"对话框中不要选择"替换当前分类汇总"，如图 8-14 所示，然后单击"确定"按钮，效果如图 8-15 所示。

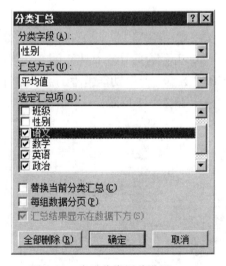

图 8-14　多重分类汇总设置

	姓名	班级	性别	语文	数学	英语	政治	总分
1	姓名	班级	性别	语文	数学	英语	政治	总分
4			男 平均值	88.5	87.5	73.5	83.5	333
6			女 平均值	76	67	78	97	318
7		高二(二)班 平均值		84.33333	80.66667	75	88	328
9			男 平均值	76	66	64	82	330
14			女 平均值	78.25	73.5	83.75	82	317.5
15		高二(三)班 平均值		77.8	76.4	83.8	82	320
19			男 平均值	85.33333	80.33333	82.6666667	85.333333	333.66667
21			女 平均值	92	86	74	84	336
22		高二(一)班 平均值		87	81.75	80.5	85	334.25
23								
24		总计平均值		82.5	79.25	80.5	84.5	326.75
25								
26			总计平均值	82.5	79.25	80.5	84.5	326.75
27								

图 8-15　多重分类汇总结果

8.2.4　合并计算

Excel 的"合并计算"功能可以汇总或者合并多个数据源区域中的数据。合并计算的数据源区域可以是同一工作表中的不同表格，也可以是同一工作簿中的不同工作表，还可以是不同工作簿中的表格。

如图 8-16 所示，将成绩表一与成绩表二合并，并按照班级计算各科成绩平均值，合并结果放于 H3 开始区域，步骤如下。

图 8-16　合并计算数据源示例

（1）开始合并计算。建立图 8-16 所示数据，然后选中 H3 单元格，单击"数据"选项卡下"数据工具"功能组中的"合并计算"按钮，如图 8-17 所示，打开"合并计算"对话框，如图 8-18 所示。

图 8-17　合并计算功能按钮示意

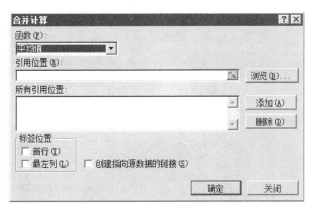

图 8-18 "合并计算"对话框

（2）设置汇总方式。在函数下拉列表中指定合并汇总计算的方法，如本例中选择"平均值"选项。

（3）选取源数据区域。单击"引用位置"框中折叠按钮设置欲汇总数据的源区域。本例中有两块区域需分别选择。首先选中 B3：F7 区域并返回，单击"添加"按钮，将在"所有引用位置"框中增加一个区域。再次单击"引用位置"文本框后面的折叠按钮，选定要合并的数据区域 B12：F18，单击"添加"按钮，并将其添加到"所有引用位置"下面的文本框中，如图 8-19 所示。

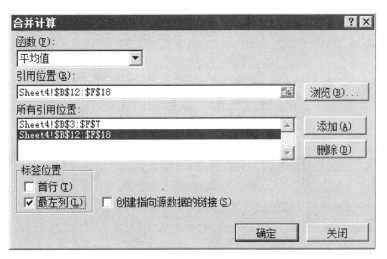

图 8-19 设置合并计算项

（4）设置标志位置。如果选定的源数据区域的顶端行或最左列中包含有行或列的标志，则在"标签位置"框中选中"首行"或"最左列"复选框，本例中仅选中"最左列"复选框即可，如图 8-19 所示。

（5）单击"确定"按钮，即可得到如图 8-20 所示的结果。

××中学高二各班各科平均成绩表

班级	语文	数学	英语	政治
高二（一）班	85.5	77	82.5	89.25
高二（二）班	85.66666667	67	90.66666667	89.33333333
高二（三）班	81.8	75.8	85.8	88.8

图 8-20 设置合并结果

8.2.5 数据透视

数据透视表是一种对大量数据快速汇总和建立交叉列表的交互式表格。它不仅可以转换行和列来查看源数据的不同汇总结果、显示不同页面来筛选数据，还可以根据需要显示区域中的明细数据。

如采用表 8-1 中数据，以"班级"为报表筛选项，以"日期"为行标签，以"姓名"为列标签，以"迟到"为计数项建立数据透视表，步骤如下。

表 8-1 数据透视源数据

××中学高二晚自习考勤表			
日期	姓名	班级	迟到
2016/10/7	李小平	高二(一)班	1
2016/10/7	麦孜	高二(二)班	1
2016/10/7	张海江	高二(一)班	1
2016/10/7	王硕	高二(三)班	1
2016/10/7	刘红梅	高二(三)班	1
2016/10/8	江海	高二(一)班	1
2016/10/8	李朝	高二(三)班	1
2016/10/8	许三多	高二(三)班	1
2016/10/9	张玲铃	高二(一)班	1
2016/10/9	赵丽娟	高二(三)班	1
2016/10/9	高峰	高二(一)班	1
2016/10/9	刘丽	高二(三)班	1
2016/10/9	赵娟	高二(二)班	1
2016/10/10	高峰	高二(二)班	1
2016/10/10	刘小丽	高二(三)班	1
2016/10/10	李朝	高二(三)班	1
2016/10/11	许如润	高二(一)班	1
2016/10/11	张玲铃	高二(三)班	1
2016/10/12	李平	高二(一)班	1
2016/10/12	刘梅	高二(三)班	1

注：1 表示该生该天迟到

1. 创建数据透视表

如图 8-21 所示，单击 Excel 2010"插入"选项卡"表格"功能组中的"数据透视表"按钮，打开"创建数据透视表"对话框，如图 8-22 所示。

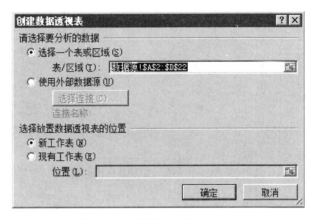

图 8-21 数据透视表功能按钮示意   图 8-22 创建数据透视表对话框

2. 选取数据源区域

单击图 8-22 中"表/区域"文本框后面的折叠按钮，选择要分析的数据源区域，如本例中选择 A2：D22 单元格区域并返回，单击"确定"按钮。弹出图 8-23 所示"数据透视表字段列表"任务窗格。

图 8-23 数据透视表字段列表

3. 设置透视表版式

如图 8-23 所示，在"选择要添加到报表的字段"列表中拖动"班级"字段拖到"报表筛选"列表中，将"姓名"字段拖到"列标签"列表中，将"日期"字段拖到"行标签"列表中，将"迟到"字段拖到"数值"列表中，如图 8-24 所示。

图 8-24　设置数据透视表版式

4. 设置值汇总方法

默认情况下"数值"列表中的数据按求和方式汇总，如本例更改为计数，单击图 8-24 中"数值"列表中"求和项：迟到"向下箭头，在弹出列表中单击"值字段设置"按钮，如图 8-25 所示，弹出"值字段设置"对话框，选中"值汇总方式"选项卡，在"计算类型"列表中选择"计数"，然后单击"确定"按钮，如图 8-26 所示。

图 8-25　值字段设置 1

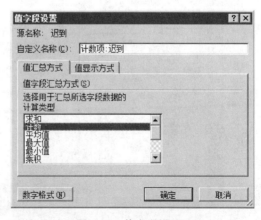

图 8-26　值字段设置 2

5. 查看透视结果

汇总结果如图 8-27 所示。可单击"班级""行标签""列标签"后向下箭头 ，在
弹出的列表中选择相应项目，即可筛选出符合条件的汇总结果。

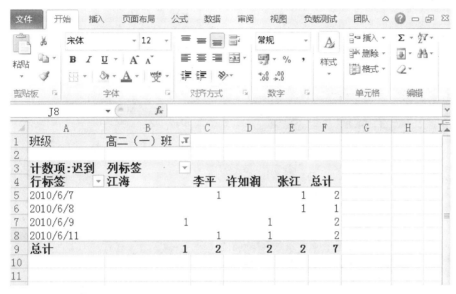

图 8-27　数据透视结果

8.3　实验任务

8.3.1　实验设备及工具

安装有 Windows 7 操作系统的计算机一台，Excel 2010。

8.3.2　实验内容及步骤

1. 公式(函数)应用

参照【样文 8-1】建立工作簿，命名为"书店销售统计"，新建 7 个工作表。在
Sheet1 工作表中录入相应数据，统计"销售总额"，结果分别放在相应的单元格中。

2. 数据排序与条件格式

将 Sheet1 工作表中数据复制到 Sheet2 工作表，使用 Sheet2 工作表中数据，以"类
别"为主要关键字，"销售数量"为次要关键字进行升序排序，并对销售数量数据应用
"开始→条件格式→数据条"中"紫色数据条"渐变填充的条件格式，结果见【样
文 8-2】。

【样文 8-1】

	A	B	C	D	E
1	经典书店图书销售情况表				
2	书籍名称	类别	销售数量（本）	单价	销售总额
3	中学物理辅导	课外读物	4300	12.5	
4	中学数学辅导	课外读物	4680	12.5	
5	中学语文辅导	课外读物	4860	12.5	
6	健康周刊	生活百科	2860	15.6	
7	中学生物辅导	课外读物	4860	16.5	
8	十万个为什么	少儿读物	6850	32.6	
9	医学知识	生活百科	4830	16.8	
10	饮食与健康	生活百科	3860	16.4	
11	丁丁历险记	少儿读物	5840	23.5	
12	儿童乐园	少儿读物	6640	21.2	

【样文 8-2】

	A	B	C	D	E
1	经典书店图书销售情况表				
2	书籍名称	类别	销售数量（本）	单价	
3	中学物理辅导	课外读物	4300	12.5	
4	中学数学辅导	课外读物	4680	12.5	
5	中学语文辅导	课外读物	4860	12.5	
6	健康周刊	生活百科	2860	15.6	
7	中学生物辅导	课外读物	4860	16.5	
8	十万个为什么	少儿读物	6850	32.6	
9	医学知识	生活百科	4830	16.8	
10	饮食与健康	生活百科	3860	16.4	
11	丁丁历险记	少儿读物	5840	23.5	
12	儿童乐园	少儿读物	6640	21.2	
13					

3. 数据筛选

将 Sheet1 工作表中数据复制到 Sheet3 工作表，然后使用 Sheet3 工作表中数据，筛选出"单价"高于 16 且小于 30 的记录，结果见【样文 8-3】。

【样文 8-3】

	A	B	C	D	E
1	经典书店图书销售情况表				
2	书籍名称 ▼	类别 ▼	销售数量（本）▼	单价 ▼	
4	中学生物辅导	课外读物	4860	16.5	
8	医学知识	生活百科	4830	16.8	
9	饮食与健康	生活百科	3860	16.4	
11	丁丁历险记	少儿读物	5840	23.5	
12	儿童乐园	少儿读物	6640	21.2	
13					

4. 数据合并计算

参照【样文 8-4】在 Sheet4 工作表中录入相关数据，并使用经典书店 3 家分店图书销售数据，在"经典书店图书销售情况表"中进行"求和"的合并计算。

【样文 8-4】

	A	B	C	D	E	F	G	H
1	经典书店南坪店图书销售情况表			经典书店江北店图书销售情况表			经典书店沙坪坝店图书销售情况表	
2	书籍名称	销售数量（本）		书籍名称	销售数量（本）		书籍名称	销售数量（本）
3	中学物理辅导	4200		中学物理辅导	4800		中学物理辅导	5300
4	中学英语辅导	4010		中学英语辅导	5000		中学英语辅导	4800
5	中学数学辅导	4380		中学数学辅导	4380		中学数学辅导	5180
6	中学语文辅导	4860		中学生物辅导	4160		中学语文辅导	4660
7	健康周刊	2860		医学知识	5830		医学知识	3830
8	医学知识	4830		饮食与健康	4860		饮食与健康	4160
9	饮食与健康	3860		十万个为什么	6120		丁丁历险记	6240
10	十万个为什么	6850		丁丁历险记	6340		儿童乐园	7140
11	丁丁历险记	5840						
12	儿童乐园	6640						
13								
14	经典书店图书销售情况表							
15	书籍名称	销售数量（本）						
16								
17								

5. 数据分类汇总

将 Sheet1 工作表中数据复制到 Sheet5 工作表，使用 Sheet5 工作表中的数据，以"类别"为分类字段，对"销售数量"进行求"和"分类汇总，结果见【样文 8-5】。

【样文 8-5】

	A	B	C	D
1	经典书店图书销售情况表			
2	书籍名称	类别	销售数量（本）	单价
7		课外读物 汇总	18700	
11		少儿读物 汇总	19330	
15		生活百科 汇总	11550	
16		总计	49580	
17				

6. 建立数据透视表

将 Sheet6 命名为"数据源"，并按照【样文 8-6】录入数据，使用"数据源"工作表中的数据，以"书店名称"为报表筛选项，以"书籍名称"为行标签，以"类别"为列标签，以"销售数量"为求和项，建立数据透视表，存于 Sheet7 工作表中，结果见【样文 8-7】。

【样文 8-6】

	A	B	C	D
1	经典书店图书销售情况表			
2	书店名称	书籍名称	类别	销售数量（本）
3	经典书店南坪店	中学物理辅导	课外读物	4300
4	经典书店南坪店	中学英语辅导	课外读物	4000
5	经典书店南坪店	中学数学辅导	课外读物	4680
6	经典书店南坪店	中学语文辅导	课外读物	4860
7	经典书店南坪店	健康周刊	生活百科	2860
8	经典书店南坪店	医学知识	生活百科	4830
9	经典书店南坪店	饮食与健康	生活百科	3860
10	经典书店南坪店	十万个为什么	少儿读物	6850
11	经典书店南坪店	丁丁历险记	少儿读物	5840
12	经典书店南坪店	儿童乐园	少儿读物	6640
13	经典书店江北店	中学物理辅导	课外读物	4800
14	经典书店江北店	中学英语辅导	课外读物	5000
15	经典书店江北店	中学数学辅导	课外读物	4380
16	经典书店江北店	中学语文辅导	课外读物	4160
17	经典书店江北店	医学知识	生活百科	5830
18	经典书店江北店	饮食与健康	生活百科	4860
19	经典书店江北店	十万个为什么	少儿读物	6120
20	经典书店江北店	丁丁历险记	少儿读物	6340
21	经典书店沙坪坝店	中学物理辅导	课外读物	5300
22	经典书店沙坪坝店	中学英语辅导	课外读物	4800
23	经典书店沙坪坝店	中学数学辅导	课外读物	5180
24	经典书店沙坪坝店	中学语文辅导	课外读物	4660
25	经典书店沙坪坝店	医学知识	生活百科	3830
26	经典书店沙坪坝店	饮食与健康	生活百科	4160
27	经典书店沙坪坝店	丁丁历险记	少儿读物	6240
28	经典书店沙坪坝店	儿童乐园	少儿读物	7140

【样文 8-7】

书店名称	(全部)			
求和项:销售数量（本）	列标签			
行标签	课外读物	少儿读物	生活百科	总计
丁丁历险记		18420		18420
儿童乐园		13780		13780
健康周刊			2860	2860
十万个为什么		12970		12970
医学知识			14490	14490
饮食与健康			12880	12880
中学数学辅导	14240			14240
中学物理辅导	14400			14400
中学英语辅导	13800			13800
中学语文辅导	13680			13680
总计	56120	45170	30230	131520

8.3.3 实验总结

（1）记录实验全过程，并写出实验报告。

（2）详细记录实验过程中遇到的问题，以及解决方法。

8.4 实验拓展

小张在某公司的人事部门工作，因为公司规模扩大，需要对职员进行分类管理，根据公司要求，小王制作了如【样文 8-8】所示的表格。并需要完成如下任务。

（1）新建一列，使用 Replace 函数更改员工编号，在原来编号前加"D"。

（2）利用身份证号倒数第 2 位的数字为每个职工进行性别填充，若该数字为奇数，则性别填充为"男"，否则填充为"女"。

（3）利用身份证号为每个职工进行出生日期填充，身份证第 7～14 位表示出生日期。

（4）用公式计算每个职工年龄。

（5）用公式按工资高低为每一位职工排名。

【样文 8-8】

	员工编号	姓名	性别	出生日期	身份证号	部门	年龄	籍贯	工龄	工资	工资排名
					职员登记表						
3	1125	沈一丹			100000198901110123	开发部		陕西	5	5500	
4	1126	刘力国			100000199009165268	测试部		江西	4	3200	
5	1127	王红梅			100000199207035770	文档部		河北	2	3240	
6	1128	张开芳			100000199104174529	市场部		山东	4	3600	
7	1129	杨帆			100000199308142208	市场部		江西	2	5500	
8	1130	高浩飞			100000199108300014	开发部		湖南	2	2800	
9	1131	贾铭			100000199101080028	文档部		广东	1	2400	
10	1132	吴朔源			100000199301291966	测试部		上海	5	3600	
11	1133	罗明			100000199210133413	测试部		江西	6	5500	
12	1134	张玉翠			100000199202122011	文档部		湖南	2	2900	
13	1135	胡小亮			1000001910307500X	市场部		山东	4	6000	
14	1136	李崇金			100000199311068764	市场部		河北	3	3520	
15	1137	何建民			100000199103132423	开发部		山东	1	3500	
16	1138	朱广强			100000199112092622	文档部		江西	7	5500	
17	1139	宁晓燕			100000199011044728	测试部		河北	5	5760	
18	1140	刘同华			100000199206031946	开发部		广东	2	5500	
19	1141	马明军			100000199109097202	测试部		陕西	1	3000	
20	1142	周子新			100000199102281377	文档部		江西	4	2860	

第 9 章　演示文稿制作

9.1　实验目的

(1)掌握用 PowerPoint 2010 创建演示文稿。

(2)掌握幻灯片母版设置。

(3)熟练使用 PowerPoint 2010 设置幻灯片间切换效果，以及幻灯片内动画效果。

9.2　内容提要

PowerPoint 是当前非常流行的幻灯片制作工具，用 PowerPoint 可制作出生动活泼、富有感染力的幻灯片，用于报告、总结和演讲等各种场合。借助图片、声音和图像的强化效果，PowerPoint 2010 可帮助用户简洁而又明确地表达自己的观点。

9.2.1　初识 PowerPoint 2010

1. PowerPoint 2010 主界面

PowerPoint 2010 的界面与 Word 2010、Excel 2010 类似。通过"开始"菜单或桌面快捷方式打开 PowerPoint 2010 后，基本界面如图 9-1 所示。

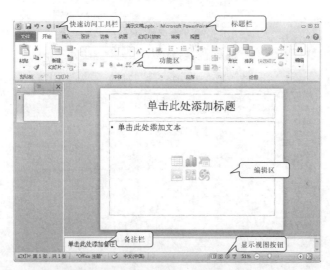

图 9-1　PowerPoint 2010 编辑界面

（1）标题栏：显示正在编辑文档的文件名以及所使用的软件名。

（2）快速访问工具栏：常用命令按钮都放在这里，如"保存""撤销"。也可以根据个人喜好将常用命令按钮添加到这里。

（3）功能区：与 Word、Excel"功能区"类似，PowerPoint 2010 也分布在屏幕的顶部。进行 PowerPoint 文档操作所需的命令将分组置于各个功能选项卡中，如"开始""插入""设计""切换""动画""幻灯片放映"等。可以通过单击功能选项卡来切换显示的命令集。

（4）编辑区：在该区域可以编辑当前的幻灯片文档。

（5）显示视图按钮：用于更改正在编辑的文档的显示模式，以符合实际的要求。

（6）备注栏：可为演讲者提供对某张幻灯片的提示信息。

2. PowerPoint 功能选项卡

1）"开始"选项卡

使用"开始"选项卡可以新建幻灯片、设置幻灯片上文本的格式以及在文档中进行绘图等，如图 9-2 所示。

图 9-2　PowerPoint 2010 开始选项卡

2）"插入"选项卡

使用"插入"选项卡可将表、图像、形状、艺术字、公式、符号等插入到演示文稿中，如图 9-3 所示。

图 9-3　PowerPoint 2010"插入"选项卡

3）"设计"选项卡

使用"设计"选项卡可以自定义演示文稿的背景、主题、颜色或页面设置，如图 9-4 所示。

图 9-4　PowerPoint 2010"设计"选项卡

4）"切换"选项卡

幻灯片的"切换"是指幻灯片放映过程中从上一张到下一张幻灯片的转换过程。使用"切换"选项卡可以对当前幻灯片设置如"淡出""推进""擦除"等幻灯片切换效果，如图 9-5 所示。

图 9-5　PowerPoint 2010 "切换" 选项卡

5）动画选项卡

使用 "动画" 选项卡可以对幻灯片上的对象应用、更改或删除动画效果，如图 9-6 所示。

图 9-6　PowerPoint 2010 "动画" 选项卡

6）"幻灯片放映" 选项卡

使用 "幻灯片放映" 选项卡可以设置放映幻灯片从哪张幻灯片开始、设置幻灯片循环播放等，如图 9-7 所示。

图 9-7　PowerPoint 2010 "幻灯片放映" 选项卡

7）"视图" 选项卡

使用 "视图" 选项卡可以进行幻灯片浏览、母版视图切换，还可以打开关或闭标尺、网格线等，如图 9-8 所示。

图 9-8　PowerPoint 2010 "视图" 选项卡

9.2.2　创建演示文稿

1. 创建空白演示文稿

单击 PowerPoint 2010 中 "文件→新建" 选项，如图 9-9 所示，选择 "空白演示文稿" 选项，再单击 "创建" 按钮，或是双击 "空白演示文稿" 选项，即可生成空白演示文稿，效果可参见图 9-1。

图 9-9　新建空白演示文稿视图

2. 创建模板演示文稿

单击"文件→新建"选项，如图 9-9 所示，选择"样本模板"选项，在如图 9-10 所示模板库中选择一种模板样式，或是选择其他模板，单击"创建"按钮，即可生成新模板演示文稿。

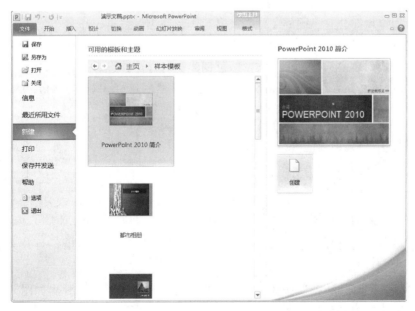

图 9-10　套用模板创建演示文稿视图

如本例中选择"都市相册"模板，然后单击"创建"按钮，生成新的演示文稿，如图 9-11 所示。

图 9-11　套用"都市相册"模板创建演示文稿

3. 新建幻灯片

每个演示文稿中会有若干张幻灯片，正是这些幻灯片构成了一个完整的演示文稿。而对于每张幻灯片都会有不同的主题，需要制作者创建与编辑。

新建幻灯片可通过单击"开始→幻灯片→新建幻灯片"按钮，然后在弹出如图 9-12 所示幻灯片样式列表中选择一种样式，即可创建新幻灯片。

也可如图 9-13 所示，选中某张幻灯片，右击，然后选择"新建幻灯片"命令，即可创建新幻灯片，该方法创建的幻灯片样式沿用原演示文稿样式。

4. 演示文稿的播放

演示文稿编辑好后，希望看到播放效果，可以在功能区中选择"幻灯片放映"选项卡上相关按钮，如图 9-7 所示。

单击"从头开始"按钮，演示文稿将从第一张幻灯片开始播放幻灯片。

单击"从当前幻灯片开始"按钮，演示文稿将从选中的当前幻灯片开始播放幻灯片。

单击"设置幻灯片放映"按钮，可设置幻灯片高级选项，会弹出如图 9-14 所示对话框，可设置播放起止幻灯片，以及循环播放等方式。

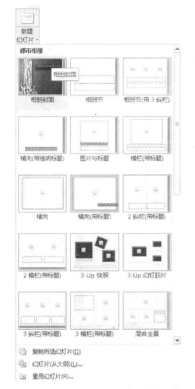

图 9-12 "开始"选项卡中新建幻灯片

图 9-13 右击新建幻灯片

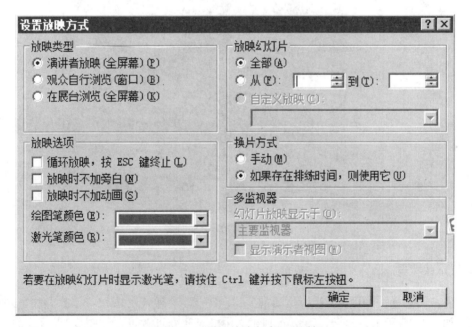

图 9-14 "设置放映方式"对话框

单击"排练计时"按钮 ，幻灯片在播放时，在屏幕左上角会有一个时间控制窗口，如图 9-15 所示。

图 9-15 排练计时时间控制窗口

9.2.3 母版设置

在 PowerPoint 2010 的使用中，母版和版式功能十分好用，一次编辑永久使用，可以最大限度地减少重复编辑的操作。编辑母版，只是统一格式。

1. 进入 PowerPoint 母版编辑页

切换到"视图"选项卡，单击"幻灯片母版"按钮，此时进入母版，可以看到第一个选项卡已经变成了"幻灯片母版"，而且功能区最右边也出现了"关闭母版视图"按钮，如图 9-16 所示。

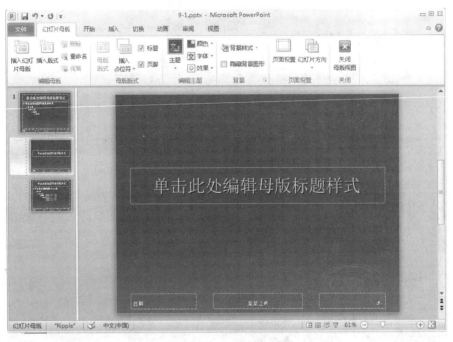

图 9-16 母版编辑界面

2. 设置母版背景

先从左侧选择一种版本（默认是当前），单击"背景样式"按钮，选择其中一种背景样式，如图 9-17 所示。然后，可以看到正文中已经改变了背景，如图 9-18 所示。

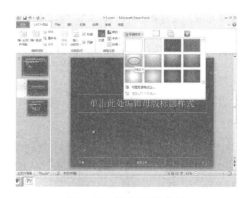

图 9-17　设置母版背景

图 9-18　母版背景设置后效果

3. 设置母版页脚内容

　　选中左边任务窗格中的"Ripple 幻灯片母版",在"插入"选项卡下"文本"功能组中单击"页眉页脚"按钮,打开"页眉和页脚"对话框,如图 9-19 所示,在"幻灯片"选项卡下勾选"页脚"复选框,输入内容如"某某公司",单击"全部应用"按钮。退出母版编辑页后将在每一张幻灯片显示以上输入的内容。

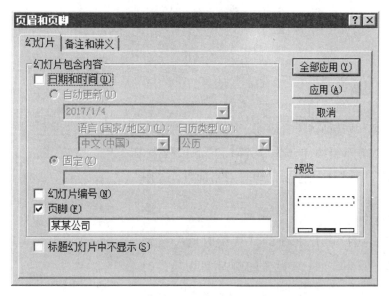

图 9-19　设置母版中页面页脚

4. 设置其他格式

　　按需要设置其他格式,设置完成后再切换到"幻灯片母版"选项卡,单击面"关闭母版视图"按钮退出母版编辑模式。

9.2.4　动画设置

　　为了让制作好的幻灯片不那么单调,我们时常会想到将幻灯片自定义动画效果。

PowerPoint 2010 可通过"切换"选项卡设置幻灯片间动画切换效果，以及通过"动画"选项卡设置幻灯片内的对象动画效果。

1. 设置幻灯片间切换

PowerPoint 2010 中本身自带了许多种幻灯片切换效果，可以给每张幻灯片设置不同的效果。

1）幻灯片切换设置

选中需设置切换效果的幻灯片，打开"切换"选项卡在"切换到此幻灯片"功能组中单击"其他"按钮，在弹出的库中选择切换效果，如图 9-20 所示。

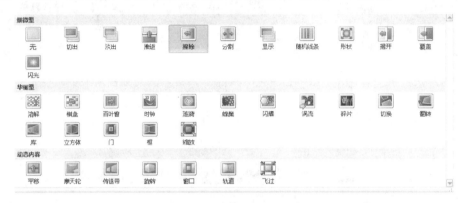

图 9-20　幻灯片切换效果库

2）声音效果设置

还可以设置幻灯片切换声音，设置后，播放幻灯片时就会自动播放选择的声音效果。在"切换"选项卡的"计时"功能组中单击 声音 标签下拉列表，在弹出的列表中选择自己想要的声音效果即可。如图 9-21 所示。

3）切换速度设置

可以单击切换声音下面的"持续时间"按钮 持续时间：02.00 来设置幻灯片间切换的时长。PowerPoint 2010 提供的调节框可以让用户精确地调节切换持续时间。

2. 设置幻灯片动画效果

这里所说的动画效果，是指幻灯片中构成元素的动作。如果幻灯片中有一个或多个的元素，就可以对这些元素逐个设置动画效果。

选中某张幻灯片上的元素，如选中标题，此时

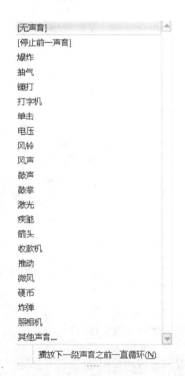

图 9-21　幻灯片切换声音设置列表

"动画"选项卡上功能按钮由不可用转换到可用状态，单击"动画"选项卡"动画"功能组中"其他" ▽ 按钮，在弹出的库中选择动画效果，如图 9-22 所示。

图 9-22　动画效果库

每种动画效果选中后，都有效果预览，以方便用户做出决定。可对动画设置效果进行修改，单击"动画"选项卡"高级动画"功能组中"动画窗格"按钮，在右边打开"动画窗格"设置框，如果某一张幻灯片中有多个对象，可以分别对每个对象进行动画设置，并可调整动作的先后顺序，如图 9-23 所示。

图 9-23　动画窗格设置框

9.3 实验任务

9.3.1 实验设备及工具

安装有 Windows 7 操作系统的计算机一台，PowerPoint 2010。

9.3.2 实验内容及步骤

(1)创建一个介绍自己情况的演示文稿(幻灯片页数不少于 10 页)，内容自定。

(2)在设计模板里面选择一种模板，输入个人的相应信息。

(3)利用幻灯片母版设计一种属于自己的美化版本(其中占位符的边框填充颜色自己定义一种，但是必须显示有时间、页脚、页码)。

(4)为每张幻灯片设置片内动画效果(自己选择一种效果)。

(5)设置幻灯片之间切换效果。

①设置第一张幻灯片的切换效果为从全黑中淡出，速度为慢速，换页方式为单击换页。

②设置第二张幻灯片的切换效果为自左侧推进，速度为中速，换页方式为单击换页。

③设置第三张幻灯片的切换效果为自左侧擦除，速度为中速，换页方式为单击换页，声音为疾驰。

(6)在最后一页插入一个音乐文件，在演示文稿放映时音乐自动播放，但音乐图标不能在页面上显示出来。

(7)将演示文稿打包成一个文件夹，运行查看效果。

9.3.3 实验总结

(1)记录实验全过程，并写出实验报告。

(2)详细记录实验过程中遇到的问题，以及解决方法。

9.4 实验拓展

有时希望在播放到某一张幻灯片时，自动播放该张幻灯片的解说词，可以采用如下的方法。

(1)首先录制好该张幻灯片的解说词，并保存为声音文件。

(2)选择要加入解说词的幻灯片作为当前操作的幻灯片，执行"插入→媒体→音频"命令，即可为该幻灯片添加解说词。

第 10 章　Access 操作

10.1　实验目的

(1)掌握 Access 数据库的创建及其他简单操作。

(2)熟练掌握 Access 数据表创建、数据表的维护与查询操作。

10.2　内容提要

Access 2010 是微软公司推出的界面友好、操作简单、功能全面、方便灵活、价格低廉、支持 ODBC 国际标准的关系型数据库管理系统。适合普通用户开发个性化的数据库应用系统。本章主要介绍 Access 2010 数据库创建、数据存储与查询功能。

10.2.1　初识 Access 2010

1. Access 2010 主界面

通过"开始"菜单或安装时创建的桌面快捷方式等途径打开 Access 2010 后,基本界面如图 10-1 所示。

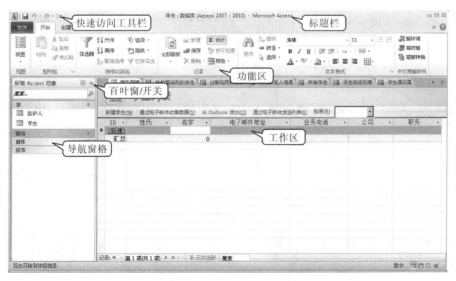

图 10-1　Access 2010 基本界面

(1)标题栏:显示正在编辑文档的文件名以及所使用的软件名。

(2)快速访问工具栏：常用命令按钮都放在这里，如"保存""撤销"。也可以根据个人喜好将常用命令按钮添加到这里。

(3)功能区：与 Word、Excel、PowerPoint "功能区"类似，Access 2010 也分布在屏幕的顶部。进行 Access 操作所需的命令将分组置于各个功能选项卡中，如"开始""创建""外部数据""数据库工具"等。可以通过单击功能选项卡来切换显示的命令集。

(4)导航窗格：管理和使用数据库对象，如表、查询、窗体等。

(5)百叶窗开关：可显示或隐藏导航窗格。

(6)工作区：在该区域可以编辑表、查询、窗体等 Access 对象。

2. Access 功能选项卡

1)"开始"选项卡

复制和粘贴，设置字体属性，进行记录的新建、保存、删除、排序和筛选等，如图 10-2 所示。

图 10-2 开始选项卡

2)"创建"选项卡

如图 10-3 所示，"创建"选项卡中功能组包括模板、表格、查询、窗体、报表、宏与代码等。

图 10-3 "创建"选项卡

3)"外部数据"选项卡

如图 10-4 所示，"外部数据"选项卡中功能组包括导入并链接、导出和收集数据等。

图 10-4 "外部数据"选项卡

4)"数据库工具"选项卡

如图 10-5 所示，"数据库工具"选项卡中功能组包括工具、宏、关系、分析、移动数据和加载项。

图 10-5 "数据库工具"选项卡

10.2.2 创建数据库

1. 创建空数据库

单击 Access 2010 中"文件→新建"选项,如图 10-6 所示,选择"空数据库"选项,再单击"创建"按钮;或是双击"空数据库"选项,即可生成空白数据库,效果如图 10-1 所示。

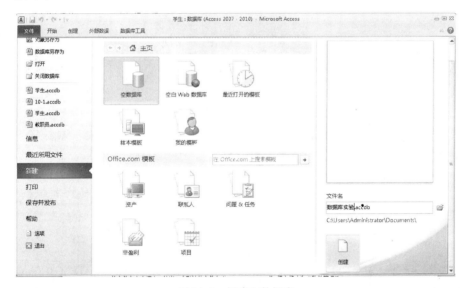

图 10-6 创建空数据库

如要求建立"数据库实验 .accdb"数据库,并将建好的数据库文件保存在"D:\ 数据库实验一"文件夹中。操作步骤如下。

(1)在 Access 2010 启动窗口中,在中间窗格的上方,选择"空数据库"选项,在右侧窗格的"文件名"文本框中,将默认的文件名"Database1.accdb"修改为"数据库实验 .accdb",如图 10-6 所示。

(2)单击 📂 按钮,在打开的"文件新建数据库"对话框中,选择数据库的保存位置,在"D:\ 数据库实验一"文件夹中,单击"确定"按钮,如图 10-7 所示。

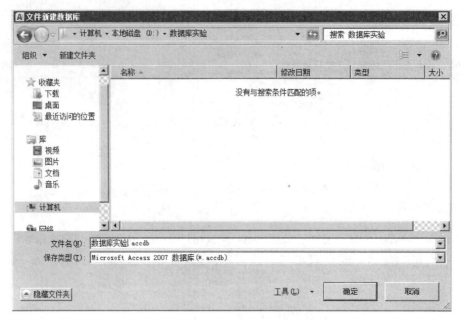

图 10-7　"文件新建数据库"对话框

（3）返回到 Access 启动界面，显示将要创建的数据库的名称和保存位置，如果用户未提供文件扩展名，Access 将自动添加上。

（4）在右侧窗格下面，单击"创建"按钮，如图 10-6 所示。

（5）Access 自动创建空白数据库，并含有一个名称为表 1 的数据表，如图 10-8 所示。

（6）这时光标将位于"添加新字段"列中的第一个空单元格中，现在就可以输入表的列名，如图 10-8 所示。

图 10-8　空白数据库中数据表视图

2. 使用模板创建数据库

单击 Access 2010 中"文件→新建"选项，如图 10-6 所示，选择"样本模板"选项，在如图 10-9 所示模板库中选择一种模板样式，或是选择其他模板，单击"创建"按钮，即可以该模板为基础创建数据库。

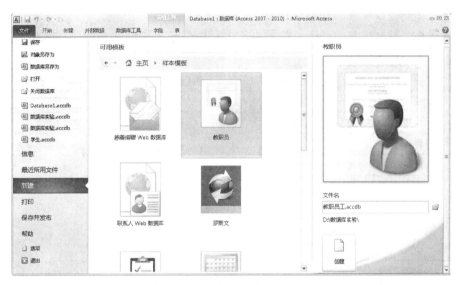

图 10-9　套用模板创建数据库视图

如本例中选择"教职员"模板，然后单击"创建"按钮，生成新的数据库如图 10-10 所示，包含一张带有列名并且名称为教职员的表，还有查询、窗体等对象。

图 10-10　套用教职员模板创建的数据库

10.2.3 创建表结构

1. 使用设计视图创建表

在10.2.1小节中介绍可以通过"创建"选项卡上的功能组创建表、查询、窗体等对象。以下介绍通过设计视图如何创建表。

如要求在"数据库实验.accdb"数据库中利用设计视图创建"教师"表以及表的各个字段，如表10-1所示。

表 10-1　教师表结构

字段名	类型	字段大小	格式
编号	文本	5	
姓名	文本	4	
性别	文本	1	
年龄	数字	整型	
工作时间	日期/时间		短日期
政治面貌	文本	2	
学历	文本	4	
职称	文本	3	
系别	文本	2	
联系电话	文本	12	
在职否	是/否		是/否

操作步骤如下。

（1）打开"数据库实验.accdb"数据库，在功能区上的"创建"选项卡的"表格"功能组中单击"表设计"按钮，参见图10-11，弹出表格设计视图，如图10-12所示。

图 10-11　设计视图创建表

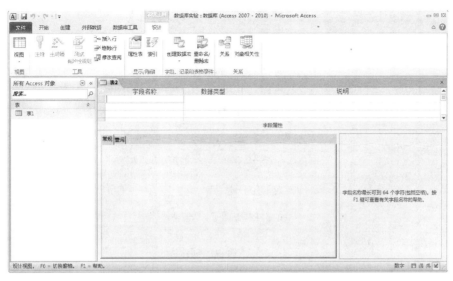

图 10-12　表格设计视图

(2)打开表的设计视图，按照表 10-1 教师表结构内容，在"字段名称"列输入字段名称，在"数据类型"列中选择相应的数据类型，在常规属性窗格中设置字段大小。

(3)单击"保存"按钮，以"教师"为名称保存表。

2. 使用数据表视图创建表

如要求在"数据库实验 . accdb"数据库中创建"学生"表，使用"设计视图"创建"学生"表结构，如表 10-2 所示。

表 10-2　学生表结构

字段名	类型	字段大小	格式
学生编号	文本	10	
姓名	文本	4	
性别	文本	2	
年龄	数字	整型	
入校日期	日期/时间		中日期
团员否	是/否		是/否
住址	备注		

(1)打开"数据库实验 . accdb"数据库。

(2)在功能区上的"创建"选项卡的"表格"功能组中单击"表"按钮，如图 10-13 所示。这时将创建名为"表 1"的新表，并在数据表视图中打开它，如图 10-14 所示。

图 10-13　表视图创建表

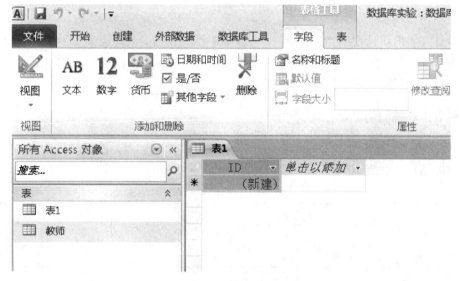

图 10-14　数据表视图

(3)选中 ID 字段，在"表格/字段"选项卡中的"属性"组中单击"名称和标题"按钮，如图 10-15 所示。

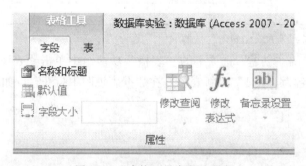

图 10-15　表格工具字段选项卡

(4)打开"输入字段属性"对话框,在"名称"文本框中输入"学生编号",如图 10-16 所示。

图 10-16 "输入字段属性"对话框

(5)选中"学生编号"字段列,在"表格工具/字段"选项卡的"格式"组中,把"数据类型"设置为"文本",如图 10-17 所示。

图 10-17 数据类型设置

(6)如果用户需添加其他字段,可以在"表格工具/字段"选项卡的"添加和删除"组中单击相应数据类型按钮,如图 10-18 所示,或在数据表视图中选择"单击以添加",在下拉列表中单击相应数据类型按钮,如图 10-19 所示。

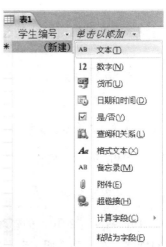

图 10-18 字段选项卡中添加和删除字　　　　图 10-19 数据表视图中添加字段

（7）在"快速访问工具栏" <u>Ａ</u> | <u>🖫</u> <u>🡠</u> ▾ <u>🡢</u> ▾ | <u>▾</u> 中，单击"保存"按钮 🖫 。输入表名"学生"，单击"确定"按钮。

3. 向表中输入数据

按照上述方法创建好表的结构后，表中本身不含有任何数据，要向表中添加数据，按如下方法即可。例如，要求将表 10-3 中的数据输入到"学生"表中。

表 10-3　学生表

学生编号	姓名	性别	年龄	入校日期	团员否	住址
2016041101	张佳	女	21	2016－9－3	否	重庆黔江
2016041102	陈诚	男	21	2016－9－2	是	北京海淀区
2016041103	王佳	女	19	2016－9－3	是	江西九江
2016041104	叶飞	男	18	2016－9－2	是	上海
2016041105	任伟	男	22	2016－9－2	是	北京顺义
2016041106	江贺	男	20	2016－9－3	否	福建漳州
2016041107	严肃	男	19	2016－9－1	是	重庆万州
2016041108	吴东	男	19	2016－9－1	是	福建福州
2016041109	好生	女	18	2016－9－1	否	广东顺德

（1）打开"数据库实验.accdb"，在"导航窗格"中选中"学生"表双击，打开"学生"表"数据表视图"。

（2）从第 1 个空记录的第 1 个字段开始分别输入"学生编号""姓名""性别"等字段值，每输入完一个字段值，按 Enter 键或者 Tab 键转至下一个字段。

（3）输入完一条记录后，按 Enter 键或者 Tab 键转至下一条记录，继续输入下一条记录。

（4）输入完全部数据后，单击快速工具栏上的"保存"按钮，保存表中的数据。

10.3　实验任务

10.3.1　实验设备及工具

安装有 Windows 7 操作系统的计算机一台，Access 2010。

10.3.2　实验内容及步骤

（1）打开 Access 2010，创建数据库文件，命名为"test.accdb"。

（2）创建一个名为"职工"的新表，其结构如表 10-4 所示。

表 10-4 职工表

字段名称	数据类型	字段大小	格式
职工 ID	文本	5	
姓名	文本	10	
职称	文本	6	
聘任日期	日期/时间		常规日期

(3) 在"聘任日期"字段后添加"借书证号"字段，字段的数据类型为文本，字段大小为 10，并将该字段设置为必填字段。

(4) 将"职工"表中的"职称"字段的"默认值"属性设置为"副教授"。

(5) 向"职工"表中填入数据，如表 10-5 所示。

表 10-5 职工表数据

职工 ID	姓名	职称	聘任日期	借书证号
00001	叶飞	副教授	1995—11—1	1
00002	任伟	教授	1995—12—12	2
00003	江贺	讲师	1998—10—10	3
00004	严肃	副教授	1992—8—11	4
00005	好生	副教授	1996—9—11	5
00006	吴东	教授	1998—10—28	6

10.3.3 实验总结

(1) 记录实验全过程，并写出实验报告。

(2) 详细记录实验过程中遇到的问题，以及解决方法。

10.4 实验拓展

要求：以 test 数据库中"职工"表为数据源，查询职工的姓名和职称信息，所建查询命名为"职工情况"。

(1) 打开"test. accdb"数据库，执行"创建→查询→查询向导"命令，如图 10-20 所示，弹出"新建查询"对话框。

图 10-20 创建查询

(2) 在"新建查询"对话框中选择"简单查询向导"，单击"确定"按钮，在弹出对话框的"表/查询"下拉列表框中选择数据源为"表：职工"，再分别双击"可用字段"

列表中的"姓名"和"职称"字段，将它们添加到"选定字段"列表框中，如图 10-21 所示。然后单击"下一步"按钮，为查询指定标题为"职工情况"，最后单击"完成"按钮。

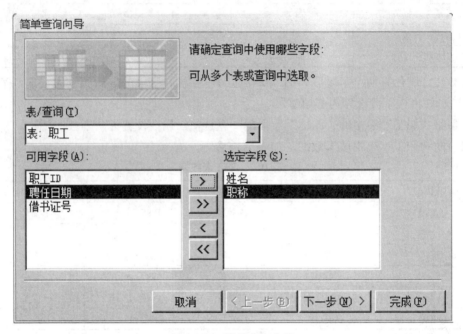

图 10-21　简单查询向导

（3）如要对某列数据设置条件，可单击图 10-20 中"查询设计"按钮，在弹出的对话框中选择表，然后在查询设计窗口中设置相应条件即可。

读者可自行完成以下任务。

（1）查询 1995 年以后聘任的职工。

（2）查询所有职称为"副教授"的职工。

第 11 章　Excel VBA 编程基础

11.1　实验目的

(1)熟悉 VBA 的编程环境 VBE，能使用 VBA 编写小程序。

(2)掌握 Excel 工作簿中宏的基本操作。

(3)通过录制"宏"掌握 Excel 中自定义函数的创建和使用，了解 VBA 函数的创建过程。

11.2　内容提要

11.2.1　初识 VBA

1. VBA 简介

VBA(Visual Basic for Applications)是附属在 Office 办公软件包中的一套程序语言。主要用来扩展 Windows 的应用程序功能，特别是 Microsoft Office 软件。也可说它是一种应用程序视觉化的 Basic 脚本。该语言于 1993 年由微软公司开发，是一种通用的自动化语言，是寄生于 VB 应用程序的版本。

(1)VB 主要用于创建标准的应用程序，而 VBA 是使已有的办公应用程序(Excel、Word、PowerPoint 等)实现自动化。

(2)VB 具有自己的开发环境，而 VBA 必须寄生于已有的应用程序(Excel、Word、PowerPoint 等)。

(3)要运行 VB 开发的应用程序，用户不必安装 VB，因为 VB 开发出的应用程序是可执行文件(* .exe)，而 VBA 开发的程序必须依赖于它的父应用程序，如 Excel、Word、PowerPoint 等。

VBA 寄生的办公应用程序众多，如 Excel、Word、PowerPoint、Outlook、Access 等，本书将介绍 VBA 在 Excel 中的应用。

2. VBA 在 Excel 中的应用

实际应用的过程中，人们的操作越来越频繁，要求也越来越高，这时候就需要用 VBA 来对 Excel 进行二次开发了，VBA 可以有效地自定义和扩展 Excel 的功能，主要应用如下。

（1）使重复的任务自动化，如数据项的批量运算。

（2）自定义 Excel 工具栏、菜单和界面，可以方便不同用户的使用。

（3）简化模板的使用，使 Excel 初级用户更快掌握工作中所需的功能。

（4）自定义 Excel，使其成为开发平台。虽然 Excel 提供各种强大的功能，但是由于行业差异，Excel 自带的模板很难满足用户的全部需求。

（5）创建报表。Excel 虽然自带各种报表向导，但是由于要求不同，用户往往需要自己创建特定报表。

（6）对数据进行复杂的操作和分析。由于企业信息化建设需要，更多企业需要借助现有的数据来帮助公司运作。而采集的数据都是原始数据，必须经过复杂的分析，才能真正帮助管理者进行决策。

3. VBA 的开发环境简介

默认情况下，Excel 2010 没有"开发工具"选项卡，需调整窗体工具栏。执行"文件→选项"命令，打开"Excel 选项"对话框，如图 11-1 所示，选择"自定义功能区"选项卡，在右侧"自定义功能区"区域的列表框中选择"主选项卡"，在"主选项卡"列表中选中"开发工具"复选框，单击"确定"按钮后 Excel 工具栏会发生变化，如图 11-2所示。

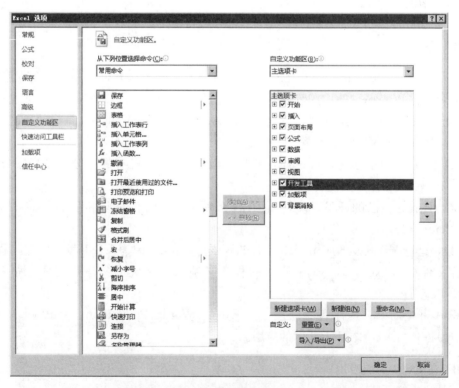

图 11-1　选择"Excel 选项"中"开发工具"

图 11-2 Excel 中"开发工具"选项卡

打开 Excel 2010，执行"开发工具→代码→Visual Basic"命令，打开"Visual Basic"窗口，如图 11-3 所示。

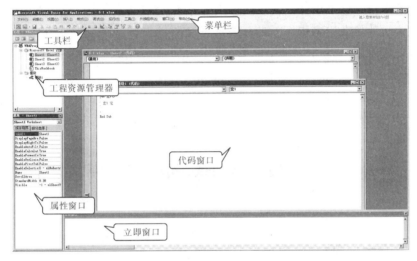

图 11-3 Excel 中 VBA 开发环境

1）菜单栏

VBA 开发窗口菜单栏包括：文件、编辑、视图、格式等基本菜单项，以及插入过程、插入模块，编译、调试、运行 VBA 程序等。

2）工具栏

工具栏中列出了当前常用的工具按钮，如运行、暂停 VBA 程序按钮等。可在 VBA 开发环境中执行"视图→工具栏→自定义"命令，从而调整工具栏上的具体按钮。

3）工程资源管理器

工程资源管理器包含了当前文档的所有 VBA 资源，如 Excel 对象和模块。Excel 中包含的宏对应着模块文件中的每一个模块。

4）属性窗口

属性窗口列出当前选择对象的所有属性。当用户单击工程资源管理器中的一个对象时属性窗口就会自动列出该对象的属性。用户可以在窗口中更改对应对象的属性。

5）代码窗口

代码窗口是用户使用最多的窗口。用户可以使用代码窗口来编写、显示以及编辑 Visual Basic 代码。双击工程资源管理器中的模块，就可以打开对应模块的代码窗口。

6）立即窗口

立即窗口可以帮助用户进行代码调试。用户在立即窗口中输入的代码，可以被 VBA

立即执行。用户可以根据运行结果判断代码是否正确。

11.2.2 VBA 应用实例

本节通过录制新宏，介绍 Excel 中 VBA 编程方法，在本实例中通过 VBA 代码实现改变指定单元格颜色操作，方法如下。

1. 录制宏

"宏"是指一系列自动执行的操作序列或是特定任务的一系列命令，可以理解为一系列固定动作的集合，这个集合当遇到让它执行的条件后就逐个执行。有人把录制的宏比喻成一个武术运动员在比赛中练就的一段武术套路动作，这个套路遇到一定的条件（比赛）就执行。以下将要录制的宏非常简单，只是改变单元格颜色。

（1）打开新工作簿，确认其他工作簿已经关闭。

（2）选择工作表中任意单元格或单元格区域。

（3）点击"开发工具→代码→录制宏"命令，弹出如图 11-4 所示"录制新宏"对话框。

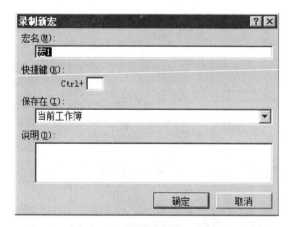

图 11-4 "录制新宏"对话框

（4）在图 11-4 中"宏名"栏输入"ChangeColorSub"作为宏名替换默认宏名"宏 1"，单击"确定"按钮即开始宏的录制。

（5）对所选单元格右击，选择"设置单元格格式"的"填充"，选择"图案"选项中的红色，单击"确定"按钮。

（6）单击"停止录制"工具栏按钮，结束宏录制过程。

2. 执行宏

当执行一个宏时，Excel 按照宏语句执行的情况就像 VBA 代码在对 Excel 进行"遥控"，VBA 的"遥控"不仅能使操作变得简便，还能获得一些使用 Excel 标准命令所无法实现的功能。要执行刚才录制的宏，可以按以下步骤进行。

（1）选择任何一个单元格，如 A3 单元格。

（2）执行"开发工具→代码→宏"命令，弹出"宏"对话框如图 11-5 所示。

图 11-5　"宏"对话框

（3）在"宏名"列表中选择"ChangeColorSub"，单击"执行"按钮，则 A3 单元格的颜色变为红色。试着选择其他单元格或者几个单元格组成的区域，然后执行宏，以便加深印象。

3. 查看录制的代码

到底是什么在控制 Excel 的运行呢？让我们看看 VBA 的语句吧。

（1）执行"开发工具→代码→宏"命令或者使用快捷键 Alt＋F8，显示图 11-5 所示"宏"对话框。

（2）单击列表中的"ChangcColorSub"，单击"编辑"按钮。此时，会打开 VBA 的编辑器窗口（VBE），如图 11-6 所示。

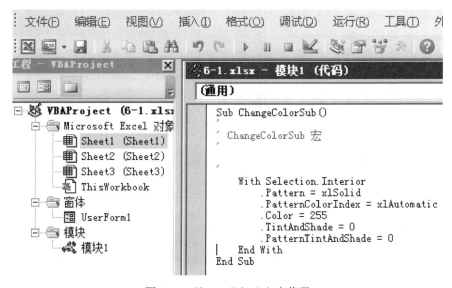

图 11-6　ChangeColorSub 宏代码

表 11-1   宏 ChangeColorSub 代码注释

Sub ChangeColorSub( )	Sub 过程开始标志，ChangeColorSub 过程名
With … End With	With 结构语句：以 With 开头，End With，是宏的主要部分。当对某个对象执行一系列的语句时使用 With 语句比较方便，它可以不用重复地指出对象的名称
With Selection.Interior	表示从该位置开始设置所选择区域内部的一些"属性"，到 End With 结束
. Pattern = xlSolid	设置该区域的内部图案，表示纯色。由于是录制宏，虽然并未设置这一项，宏仍然将其记录下来（因为在"图案"选项中有此项，只是未设置而作为默认设置）
. PatternColorIndex = xlAutomatic	表示内部图案底纹颜色为自动配色
. Color = 255	指定红色
. TintAndShade = 0	用于使指定图形的颜色变浅或加深
. PatternTintAndShade = 0	返回或设置 Interior 对象的淡色和底纹图案
End Sub	与 Sub 配合使用，End Sub 结束过程标志

4. 编辑宏代码

前面我们录制了一个宏并查看了其代码，代码中有几句实际上并不起作用。在宏中作一个修改，删除多余行，直到和下面代码相同，如图 11-7 所示。

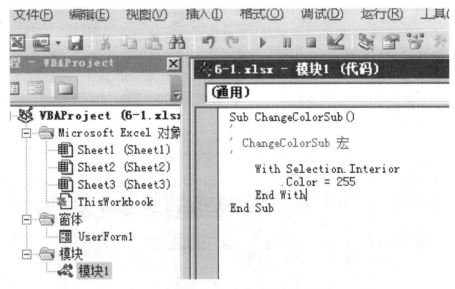

图 11-7   修改 ChangeColorSub 宏后的代码

完成后，在工作表中体验一下，会发现结果和修改前的状况一样。

在 With 语句前加入一行：Range(" C4"). Select，试着运行该宏，则无论开始选择哪个单元格，宏运行结果都是使 C4 单元格变红。

现在可以看到，编辑录制的宏非常简单。需要编辑宏是因为以下三个方面的原因。

(1)在录制中出错而不得不修改。

(2)录制的宏中有多余的语句需要删除，提高宏的运行速度。

（3）希望增加宏的功能，如加入判断或循环等无法录制的语句。

5. 录制宏的局限性

希望自动化的许多 Excel 过程大多都可以用录制宏来完成，但是宏记录器存在以下局限性。

（1）录制的宏无判断或循环能力。

（2）人机交互能力差，即用户无法进行输入，计算机无法给出提示。

（3）无法显示 Excel 对话框。

（4）无法显示自定义窗体。

6. 给宏安上门铃

作为 Excel 开发者，一个主要的目标是为任务自动化提供一个易于操作的界面，"按钮"是最常见的界面组成元素之一，可以把宏指定给特定的按钮，通过按钮来执行宏，还是用前面录制的宏来举例。通过使用"窗体"工具栏，可以为工作簿中的工作表添加按钮。在创建完一个按钮后，可以为它指定宏，然后用户就可以通过单击按钮来执行宏。在本练习中，将创建一个按钮，并为它指定一个宏，然后用该按钮来执行宏，具体步骤如下。

（1）执行"开发工具→控件→插入"命令，调出窗体工具栏，如图 11-8 所示。

（2）单击工具栏中的"按钮"控件，在工作表中希望放置按钮的位置按下鼠标左键，拖动鼠标画出一个按钮，释放鼠标后，Excel 会自动显示"指定宏"对话框，如图 11-9 所示。

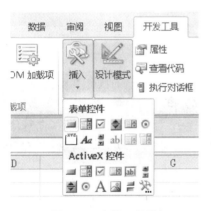

图 11-8　窗体工具栏

图 11-9　"指定宏"对话框

（3）从"指定宏"对话框中选择"ChangeColorSub"，单击"确定"按钮即可把该宏指定给命令按钮。

（4）右击该按钮，弹出菜单如图 11-10 所示，可编辑、修改该命令按钮的属性。

图 11-10　按钮属性设置界面

（5）执行命令按钮，选择单元格或单元格区域，单击按钮，可以看到所选择单元格变为红色，如图 11-11 所示。

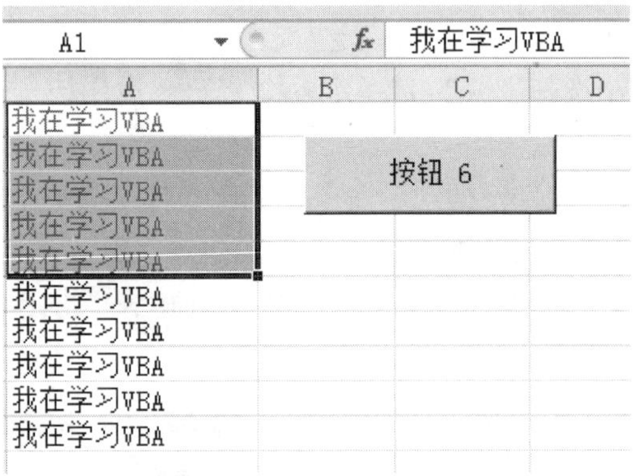

图 11-11　执行命令按钮后效果图

按钮就像装在楼下的门铃，这种遥控式的命令的确能让烦琐的操作变得简单而方便，让我们获得了一些使用 Excel 标准命令所不能实现的功能。

需要强调的是，单击按钮，就是一个"事件"，这个"事件"引发了所指向程序的运行，只有事件触发了，对应程序才会运行。除此之外，"对象""方法""属性"都是接下来我们会经常接触到的。

11.2.3　VBA 编程相关概念

1. 对象

Excel VBA 是面向对象的一种程序语言，Excel 的操作几乎都是围绕工作簿、工作表、单元格展开，这些就是 Excel 操作的核心对象，也是 VBA 的核心对象。

1）主要 VBA 对象

Application：对于 Excel 来说，最外层的 VBA 对象就是 Application，代表整个 Excel 应用程序。

Workbook：每个 Excel 文件或工作簿，都对应一个 Workbook。

Worksheet：Excel 文件中的每个 Sheet，都对应一个 Worksheet。

Range：表单中的单元格，对应的是 Range 对象。

2）主要 VBA 集合

学习了对象，在实际编程中还必须了解对象的集合。Excel 对象模型中有一个集合的概念，集合是指包含一组相似或者相关对象的对象。

通常集合的名字都用单词的复数形式，表示它们是由多个对象组成。

Workbooks 集合表示 Excel 应用程序中当前打开的所有 Workbook 的集合。

Worksheets 集合表示指定工作簿中所有的 Worksheet，可用 Worksheet(index)返回单个 Worksheet 对象，其中 index 为工作表编号或名称。

3）Excel VBA 对象层级关系

从前面对于 Excel VBA 对象的介绍，可以很容易地看出每个对象的层级关系和包含关系：Application 对象必然包含一个 Workbooks 集合，来表示 Excel 的每个文件；Workbook 对象必然包括一个 Worksheets 集合，来表示它包含的所有工作表；Worksheet 对象又必然包含 Range 或者 Cells 对象，来标识它包含的单元格。

4）Excel VBA 对象的引用

在 Excel 中对象的引用要遵循从大到小的规则。

例如，要引用 D 盘"我的文档"文件夹下名为"我的 VBA 课程 .xls"文件，可写为：

```
Application.Workbooks("D:\我的文档\我的 VBA 课程.xls")
```

当引用"mybook. xls"里面的工作表"mysheet"时可写为：

```
Application.Workbooks("mybook.xls").Worksheets("mysheet")
```

再继续延伸到下一层，引用"mybook. xls"里工作表"mysheet"里面的单元格区域"A1：D10"时可写为：

```
Application.Workbooks("mybook.xls").Worksheets("mysheet").Range("A1:D10")
```

但是并不是每一次引用都必须这么呆板，如果引用的是活动对象，也就是被激活的对象，引用就可以进行简化。如果是 mybook 工作簿是激活的，引用可以简化为：

```
Worksheets("mysheet").Range("A1:D10")
```

如果 mysheet 当前也是激活的，引用甚至还可以简化为 Range（"A1：D10"），也可以直接输入［A1：D10］，如果引用的单元 Range 是单个的单元格，还可以用 Cells(行号，列号)的引用方式。

2. 属性

每一个对象都有属性，一个属性就是对一个对象的设置。如猪八戒的媳妇高秀兰，猪八戒的媳妇就是对象，"高秀兰"就是猪八戒的媳妇的一个属性(name 属性)，引用对象的属性同样也要用点来分隔，如下所示：

猪八戒的媳妇 . name＝高秀兰

打开一个工作表，按 Alt＋F11 键进入 VBE 模式，如果立即窗口没有打开，按 Ctrl＋G 键打开，输入：Msgbox Worksheets(1). name，按回车键，如图 11-12 所示。

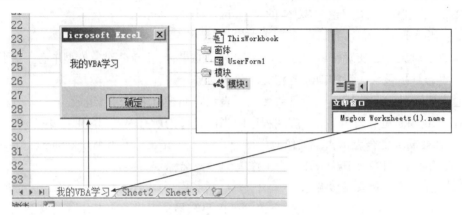

图 11-12　用 VBA 代码显示 Sheet1 对象的 name 值

Worksheets(1)和 Worksheets("Sheet1")区别：Worksheets(1)表示 Worksheets 集合里的第一个工作表；Worksheets("Sheet1")表示 Worksheets 集合里名为"Sheet1"的工作表。

想要了解 Msgbox 是什么，在立即窗口里用鼠标左键把 Msgbox 抹黑，按 F1 键，弹出 Excel 帮助，如图 11-13 所示。

图 11-13　帮助窗口

一个对象有哪些属性，可以在属性窗口里查看，要修改一个对象的某种属性，如名称、显示状态、颜色等，也可以在属性窗口里进行修改，当然还可以利用代码进行修改。

3. 方法

每一个对象都有方法，方法就是在对象上执行的某个动作。与属性相比，属性表示对象某种状态或样子，是静态的，而方法则是做某件事的一个动作，对象方法的引用同样用点来分隔。

例如，Range 对象有一个方法是 Select，它的作用是选中指定的 Range(单元格区域)对象，在立即窗口里输入代码：range("B1：C5"). Select，按回车键，可以看到 B1：C5 区域已经被选中了，如图 11-14 所示。

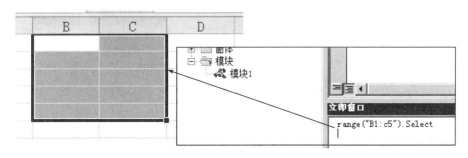

图 11-14 用 VBA 代码选定指定单元格区域

4. 事件

在前面给宏安上门铃中，已经接触过按钮 Click 事件，即单击后执行相应动作。事件是用户与计算机交互时产生的各种操作，在 VBA 中系统为每个对象预定义了一系列事件。

例如，移动鼠标、打开工作簿、激活工作表、选中单元格、改变单元格的数值、单击按钮或窗体、敲击键盘等这些都会产生一系列的事件，通过编写代码响应这些事件，当发生此类事件时，程序代码就会进行相应的操作。

例如，要求当激活某工作表时，自动弹出一个对话框，告诉我们激活的工作表名称，操作步骤如下。

(1)打开一个工作表，按 Alt＋F11 键打开 VBE 窗口，在"工程对象管理器"窗口里双击要进行设置的工作表，使其代码窗口显示。

(2)左面选择对象 Worksheet(工作表对象)，右面选择 Activate 事件，可以看到在代码窗口里系统已经自动输入了一段代码，如图 11-15 所示。

初学者不必完全记住对象及事件的名称，也不必手工输入，系统早为你准备好了，读者可以在代码窗口里进行选择，左面是对象，右面是事件，如果你想知道某个对象(如工作簿、工作表、窗体等)有哪些事件，只需要选择这个对象，然后在事件列表中查看即可。

图 11-15　VBA 编程使用 Activate 事件示例

（3）在 Activate 事件中编写显示提示信息代码。输入代码：

```
MsgBox "你现在激活的工作表名称是:" & ActiveSheet.Name
```

说明：& 为字符串连接符号，ActiveSheet. name 是当前活动工作表的名字。

（4）回到工作表，激活刚才设置代码的工作表，如果刚才设置的工作表是激活状态，请选择其他工作表，然后重新激活它，效果如图 11-16 所示。

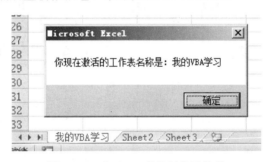

图 11-16　Activate 事件触发后效果

现在可试试其他的事件或对象，也可试着用代码修改其他对象的属性值，在单元格里添加新的内容，遇到不明白的，可抹黑代码，再按 F1 键即可看到相应的帮助。

11.3　实验任务

11.3.1　实验设备及工具

安装有 Windows 7 操作系统的计算机系统一台，Excel 2010。

11.3.2　实验内容及步骤

（1）录制新宏，命名为"填充颜色"，将 A1：A56 单元格区域中每个单元格填充不同颜色。

体会 VBA 编程中对象、属性、方法、事件概念，并列出本程序中的对象，以及对象的属性、方法、事件，写入到实验报告中。

参考程序代码如下：

```
Sub 填充颜色()
Dim k As Integer, c As String
For k = 1 To 56
c = "A" & k
Range(c).Select
Selection.Interior.ColorIndex = k
Next k
End Sub
```

注：与 ColorIndex 属性相关的对象有 Border、Borders(四条边)、Font 和 Interior。

(2)在 A1：A10 输入相同的文本，如"ZUCC"，然后录制新宏，命名为"改变字体大小"，宏的功能是设置 A1：A10 单元格区域字体大小，A1 设置为 10 磅，A2 为 12 磅，依次类推。

列出本步骤中的对象，以及对象的属性、方法、事件，写入到实验报告中。

参考程序代码如下：

```
Sub 改变字体大小()
Dim k As Integer, c As String
For k = 1 To 10
c = "A" & k
Range(c).Select
With Selection.Font
.Size = 10 + 2 * k
End With
Next k
End Sub
```

(3)录制新"宏"，该宏的功能是向窗口输出"我开始用 VBA 写程序了!"。提示可采用 MsgBox 和 Debug. Print 输出。

(4)录制新"宏"，要求在 Excel 表中的单元格上输入两个数并将它们加起来。观察该步骤中编写的 VBA 代码。列出本步骤中的对象，以及对象的属性、方法、事件，写入到实验报告中。

11.3.3 实验总结

(1)记录实验全过程，并写出实验报告。
(2)详细记录实验过程中遇到的问题，以及解决方法。

11.4 实验拓展

在工作中有时会遇到在编写公式时，找不到适合的 Excel 内置函数，或者虽然可以使用内置函数，但会造成公式复杂不易理解，这时就可以考虑使用自定义函数了。

编写自定义函数需要一定的 VBA 基础，自定义函数编写完成后，就可以像使用内置函数一样方便了，任何人都可以使用。

1. 编写计算年龄函数

如自定义函数，功能是通过某人身份证号码计算出其年龄。

(1)在 Excel 中建立如图 11-17 所示的"XX 高校教师信息表"，信息包括姓名、性别、年龄、职称和身份证号。

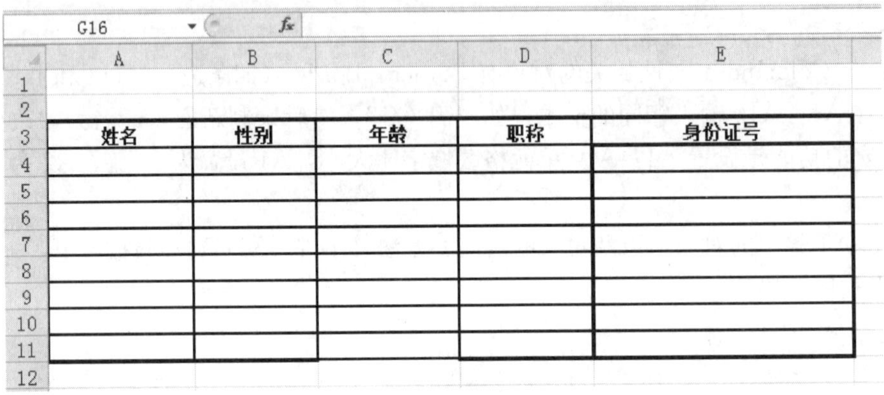

图 11-17　XX 高校教师信息表

(2)编制 VBA 函数，通过教师身份证号码计算出该教师年龄，并填入表格中。

说明：身份证号码为 18 位，其中第 7～14 位表示出生日期。

(3)打开 VBA 窗口，按 ALT＋F11 键进入 VBA 编辑环境，在当前工程中插入一个模块，建立自定义函数。

参考程序代码如下：

```
Function age(id As String)
id = Trim(id)
If Len(id) = 18 Then
age = Year(Date) - Val(Mid(id, 7, 4))
Else
age = Year(Date) - Val("19" + Mid(id, 7, 2))
End If
End Function
```

(4)使用自定义函数。回到 Excel 窗口，在 C4 单元格中输入公式 ＝age(E4)，就会在 C4 单元格计算出年龄，其使用方法同内置函数完全一样。

2. 编写大小写金额转换函数

在进行财务处理时，往往需要填写大小写金额，此时可自定义将小写金额转换为大写金额的函数，如表 11-2 所示。

表 11-2 大小写金额转换表

小写金额	·	大写金额
123.56		壹佰贰拾叁元点伍角陆分
800900.90		捌拾零万零仟玖佰零拾零元点零角玖分
0.09		零元点零角玖分
86.09		捌拾陆元点零角玖分
34567.89		叁万肆仟伍佰陆拾柒元点捌角玖分
3000.00		叁仟零佰零拾零元点零角零分
107.90		壹佰零拾柒元点零角玖分
123765.12		壹拾贰万叁仟柒佰陆拾伍元点壹角贰分
600000.00		陆拾零万零仟零佰零拾零元点零角零分
32078.98		叁万贰仟零佰柒拾捌元点玖角捌分
123123.67		壹拾贰万叁仟壹佰贰拾叁元点陆解柒分

（1）进入 Excel，建立一个工作簿，在工作表中输入小写金额数据。

（2）进入 VBA 编辑环境，在当前工程中插入一个模块，建立自定义函数。

```
参考代码如下：
Function xtod(xxje As String)
Dim dd(9) As String '用数组存大写数字
Dim dxz(9) As String, dxy(2) As String '用数组存大写单位
Dim dxje As String, k As String
For i = 0 To 9
dd(i) = Mid("零壹贰叁肆伍陆柒捌玖", i + 1, 1)
Next i
For i = 1 To 9
dxz(i) = Mid("元拾佰仟万拾佰仟亿", i, 1)
Next i
dxy(1) = "角": dxy(2) = "分"
n = Len(xxje)
z = Len(Trim(Str(Int(Val(xxje))))) '计算左边的位数
y = n - z - 1 '右边位数
For i = 1 To z '左边数字分离,转换并合并
k = Mid(xxje, i, 1)
dxje = dxje + dd(Val(k)) + dxz(z - i + 1)
Next i
dxje = dxje + "点" '合并"点"
For i = 1 To y '右边数字分离,转换并合并
k = Mid(Right(xxje, y), i, 1)
dxje = dxje + dd(Val(k)) + dxy(y - i + 1)
Next i
```

```
    xtod = dxje '返回结果
  End Function
```

（3）在相应的单元格中插入自定义的函数 xtod( )，并将公式和函数填充到需要的区域。

3. 打印金字塔型图案

在工作表 1 上创建"窗体"按钮并建立与之相关的"宏"，编写代码完成：从键盘输入一个整数 n，输出图形如图 11-18 所示。其中每个"＊"在单元格中水平和垂直方向都要求居中。

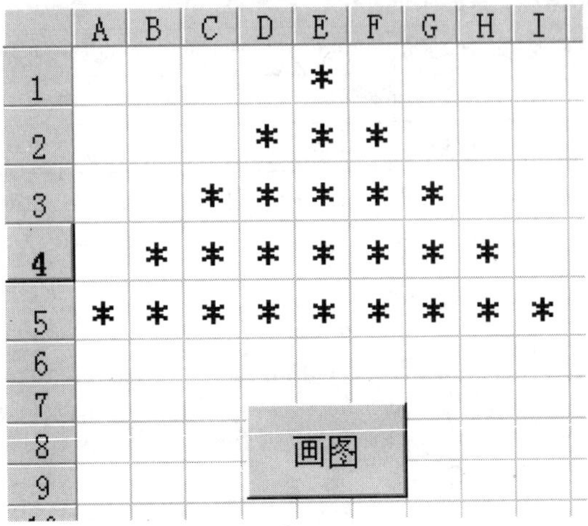

图 11-18　金字塔型图案

第 12 章　Excel VBA 编程进阶

12.1　实验目的

(1)熟悉 VBA 中常用的流程控制语句，掌握 VBA 中调用函数的方法。

(2)掌握 VBA 中工作簿、工作表、单元格等对象的使用方法，以及熟悉相应的属性、方法、事件。

(3)掌握 VBA 中常用 ActiveX 控件的使用。

(4)熟悉 VBA 中使用 ADO 对象连接数据库的方法。

(5)熟悉 VBA 中调用系统 API 的方法。

12.2　内容提要

12.2.1　VBA 函数初识

与其他编程语言一样，VBA 含有各种内置的函数。很多都与 Excel 的工作表函数类似，或者一样。使用 VBA 函数方式与使用工作表公式中函数方式相同，在 VBA 代码中，可以使用很多 Excel 的工作表函数，如 Sum、Abs 等。

如下面示例代码：

```
Sub myabs()
a = InputBox("请输入数值:","提示")
labs = Abs(a)
MsgBox "你输入的值的绝对值为:" & labs
End Sub
```

这是一个求绝对值的过程，通过 InputBox 提示用户输入一个数值给变量 a，再用 Abs 函数求出变量的绝对值，最后通过 MsgBox 返回结果。

InputBox 同 MsgBox 函数一样，是很常用的函数，关于它的功能及用法，请用"绝招"——抹黑，按 F1 键，即可弹出帮助对话框。

并不是所有的工作表函数在 VBA 里都可以直接调用，由于 WorksheetFunction 对象包含在 Application 对象中，如果要在 VBA 语句里使用某个不能直接调用的工作表函数，只需要在函数名称前加上 Application.WorksheetFunction 语句即可。

例如，在 VBA 里使用 counta 函数则代码为：

```
application.workSheetfunction.counta(range("a1:a10"))
```

12.2.2　VBA 流程控制

控制程序的流程，有判断、分支和循环三种语句。

判断语句：if then。

分支语句：if then else、Select Case。

循环语句：for next、For Each、Do While、Do Until。

需要补充的是，无论是 if 语句还是 Select Case 语句，都是可以进行嵌套的。

例如，同学们在操场上跑步，两万米长跑，每圈 400 米。"呼"，枪一响，开始跑，一圈，两圈，三圈…直到跑满 50 圈才停止。本例中同学们就是在循环地执行跑步的动作，采用 for next 语句实现，其他循环控制语句参见帮助文件。

这里指的循环是指重复地执行某项动作(语句块)，来看一下 For next 的句式：

```
For 循环变量＝初值 to 终值 step 步长
循环体
[exit for]
next 循环变量
```

解释：从开始到结束，反复执行 For 和 Next 之间的指令块，除非遇到 Exit For 语句，将提前跳出循环。其中，步长和 Exit For 语句以及 Next 后的循环变量均可省略，步长默认为 1。Exit for 语句是强制终止循环的语句，执行它后将退出循环，执行 next 后面的语句。

```
Sub 循环跑步()
dim 圈数 as byte
for 圈数= 1 to 50 step 1
If 学生.要求= 退赛 then
exit for
End If
Next 圈数
End Sub
```

若步长为负值，则为倒序循环，即"For 循环变量＝终值 to 初值 step 负步长"。

12.2.3　Range 对象

Range 对象是工作表中最重要的对象之一。该对象可以是一个单元格、一行或者一列，也可以是多个单元格或一个工作表中的多个选定区域。

1. Range 对象方法

Range 对象同样具有多种多样的方法，包括如下。

(1)Activate：激活 Range 指定区域。

(2)Clear：清除 Range 指定区域的内容。

(3)Select：选择 Range 指定区域。

2. Range 对象属性

Range 对象最有用的一些属性如下。

(1) Value：返回 Range 的数值。

(2) Offset：对于从一个 Range 移动到另一个 Range 非常有用。

(3) Address：返回 Range 的当前位置。

(4) Count：用于决定 Range 中单元格的数目。

(5) Formula：返回用于计算显示值的公式。

(6) Resize：设置当前选中的 Range 的大小。

3. Range 对象引用

1) Range 对象方法使用示例

```
Sub SelectAndActivate()
Range("C5").Activate
Range("B3:E10").Clear
Range("B3:E10").Select
Range("A1:D10").Select
Range("A1:A10,C1:C10,E1:E10").Select
Range("A1","D10").Select
End Sub
```

说明：Range("C5").Activate：激活 C5 单元格。

Range("B3：E10").Select：选中 B3：E10 单元格区域。

Range("B3：E10").Clear：清除 B3：E10 单元格区域 Value 值，但其他属性值，如颜色、字体等属性值不改变。

Range("A1：D10").Select：选中当前工作表中的单元格区域 A1：D10；Range("A1：A10，C1：C10，E1：E10").Select 选中当前工作表中非连续的三个区域组的单元格区域；

Range("A1"，"D10").Select：选中单元格区域 A1：D10，使用指向单元格区域对角的两个参数表示该区域。

2) Range 对象属性使用示例

```
Sub SelectAndActivate()
Dim I as Long
I = Range("C65536").End(xlUp).Row
MsgBox I
End Sub
```

说明：Range("C65536").End(xlUp).Row 返回 C 列非空的最大行号。End 属性所代表的操作等价于"Ctrl 方向键"的操作，使用常量 xlUp、xlDown、xlToLeft 和 xlToRight 分别代表上、下、左和右键。

12.2.4 ActiveX 控件添加方法

可插入两种类型的控件，一种是表单控件（在早期版本中也称为窗体控件，英文 form controls），另一种是 ActiveX 控件。表单控件只能在工作表中添加和使用，并且只能通过设置控件格式或者指定宏来使用它；而 ActiveX 控件不仅可以在工作表中使用，还可以在用户窗体中使用，并且具备了众多的属性和事件，提供了更多的使用方式。

（1）单击"开发工具→控件→插入"命令，在弹出的框中选择要插入的 ActiveX 控件。

（2）单击控件之后，鼠标变成十字形。拖动鼠标绘制控件，绘制完成后，在设计模式下，可右击该控件，选择属性，修改内部各项属性，如长、宽、高，字体颜色，背景色，控件名称，是否可见等，如图 12-1 所示。

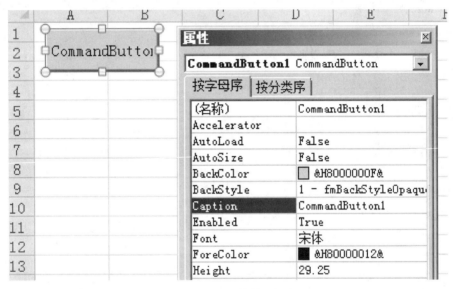

图 12-1　ActiveX 控件属性窗口

（3）双击该控件或右键选择"查看代码"，自动建立该控件默认事件过程，并进入 VBE 模式，如图 12-2 所示。

图 12-2　代码窗口

12.2.5 数据库及其 ADO 应用

VBA 编程时，使用 ADO 建立和数据库的连接，有两种方法：引用法和创建法。

1. 建立数据库连接对象

1）引用法

切换到 VBE 编辑窗口，执行"工具→引用"命令，弹出如图 12-3 所示"引用"对话框，选中"Microsoft Activex Data Objects 2.8"，单击确定。

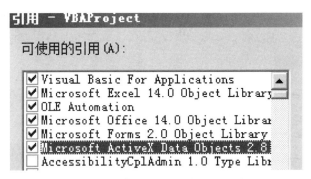

图 12-3 VBE 中"引用"对话框

引用后在代码编辑区域声明如下：

```
Dim conn As New Connection '声明链接对象
Dim rst As NewRecordset '声明记录集对象
```

2）创建法

在代码编辑区域，使用 CreateObject 函数创建数据库连接对象示例如下：

```
Set conn = CreateObject("adodb.connection") '创建 ado 对象
Set rst = CreateObject("ADODB.recordset") '创建记录集
```

2. 数据库基本操作命令

（1）增加新表格。

```
.Execute "Create 表格名  字段和属性"
```

（2）插入记录。

```
.Execute "Insert into 表名 (字段 1，字段 2,…，字段 n) VALUES(值 1,值 2,…，值 n)"
```

（3）删除记录。

```
.Execute "Delete from 表名 where 条件"
```

（4）修改记录。

```
.Execute "Update 表名称 SET 列 1 = 新值,列 2= 新值 WHERE 列名称 = 某值
```

（5）筛选记录。

```
.Execute "Select 字段 from 表 where 条件
```

3. 数据库操作示例

数据库操作遵循以下步骤。

(1)使用 ADO 创建与数据库连接，然后使用 ADO 对象和 SQL 语句对数据库进行连接。

(2)使用 SQL 语句进行查询、删除、更新等操作。

(3) 关闭连接。

(4) 释放内存。

例如，向数据库中添加一行记录，步骤如下。

(1)创建数据库，名称为"test. accdb"，再在该数据库中利用设计视图创建"学生信息表"，结构如表 12-1 所示。

表 12-1 学生信息表字段表

字段名称	数据类型	字段大小	格式
学号	文本	20	
姓名	文本	10	
性别	文本	6	

(2)添加按钮控件，将该控件按钮 Caption 属性值设置为"录入学生记录"，双击该控件或右键选择"查看代码"，自动建立该控件 Click 事件过程，并进入 VBE 模式，并在该控件按钮的 Click 事件下编写如下代码：

```
Dim cnn As New ADODB.Connection, rst As New ADODB.Recordset
Dim strSQL As String
cnn.Open " Provider = Microsoft. ACE. OLEDB. 12. 0; DataSource = d: \ test.accdb;
Persist Security Info= False" 'ADO 建立和数据库连接,Access 2007 以上版本
strSQL = "Insert into 学生信息表(学号,姓名,性别) VALUES('130501','张三','男')"
strSQL = "delete from 学生信息表 where 学号= '140604'"
strSQL = "update 学生信息表 set 姓名= '王五' where 学号= '140604'"
conn.Execute strSQL '命令 VBA 执行 strSql
cnn.Close '关闭连接
Set cnn = Nothing '释放内存
```

12.3 实验任务

12.3.1 实验设备及工具

安装有 Windows 7 操作系统的计算机一台，Access 2010、Excel 2010。

12.3.2 实验内容及步骤

(1)ActiveX 控件操作。如图 12-4 所示，插入标签、文本框、命令按钮三个 ActiveX

控件，将标签 Caption 属性值设为"分数:"，将命令按钮 Caption 属性值设为"判断"。要求用代码修改文本框背景色为紫色，且根据文本框中分数值自动判断等级(以 60、80、90 为阈值，分别判断为不合格、合格、良、优秀)。

图 12-4　部分 ActiveX 控件操作效果

(2)VBA 中调用 Excel 内部函数。调用 Excel 的 RAND 和 INT 内部函数，在 A 列的 1～10 行输入序号 1～10，在 B 列的 1～10 行填入 0～1 的随机数，在 C 列的 1～10 行填入两位正整数，最后在 C 列的 11 行求出该列的最大数(不能调用 MAX 函数)。以上要求均用 VBA 程序实现。

(3)参见图 12-5 中的学生成绩表，遍历 5 门课的所有成绩，凡是低于 60 分的，用红色显示，不使用 Excel 条件格式，要用 VBA 程序实现。

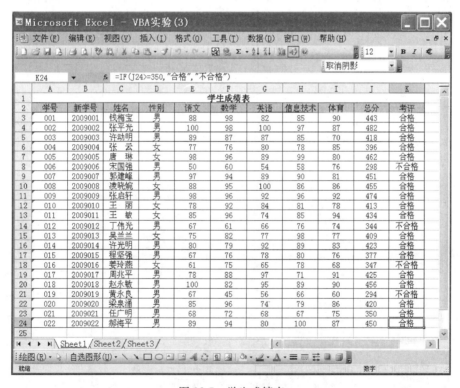

图 12-5　学生成绩表

参考代码如下：

```
Sub a()
Dim c As Range
For Each c In Worksheets("Sheet").Range("E3:I24").Cells
If c.Value < 60 Then c.Font.ColorIndex = 3
Next
End Sub
```

(4) 编程序，在工作表上打印九九乘法表，如图 12-6 所示。

	A	B	C	D	E	F	G	H	I	J
1		1	2	3	4	5	6	7	8	9
2	1	1	2	3	4	5	6	7	8	9
3	2		4	6	8	10	12	14	16	18
4	3			9	12	15	18	21	24	27
5	4				16	20	24	28	32	36
6	5					25	30	35	40	45
7	6						36	42	48	54
8	7							49	56	63
9	8								64	72
10	9									81
11										

图 12-6　九九乘法表

(5) 在工作表 1 上创建两个命令按钮，其 Caption 属性值分别设为"产生数据"和"判断"。单击"产生数据"按钮完成在 A1：A10 单元格区域上产生两位随机正整数；单击"判断"按钮完成将其中重复数用红色标注。界面如图 12-7 所示。

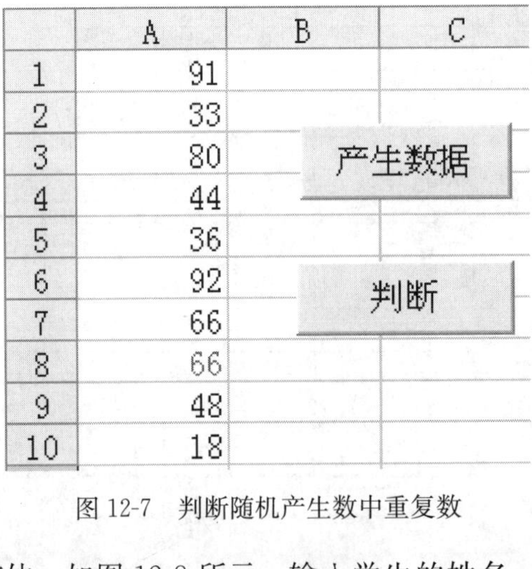

	A	B	C
1	91		
2	33		
3	80	产生数据	
4	44		
5	36		
6	92	判断	
7	66		
8	66		
9	48		
10	18		

图 12-7　判断随机产生数中重复数

(6) 创建一个用户窗体，如图 12-8 所示。输入学生的姓名、性别和爱好，单击"输入"按钮，把信息写入到工作表中，单击"退出"按钮，程序结束。窗体中包含的控件有标签、文本框、命令按钮、单选钮和复选框。请把下面的代码补充完整。

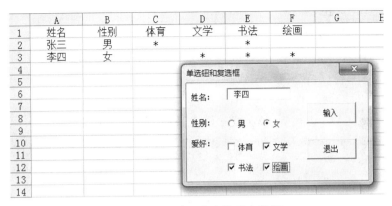

图 12-8　创建用户窗体录入数据

部分程序代码：

```
Private Sub CommandButton1_Click() '输入按钮
Dim Mrow As Integer
Mrow = Range("A65536").End(xlUp).Row + 1
Cells(Mrow, 1) = TextBox1.Text
If OptionButton1.Value = True Then Cells(Mrow, 2) = "男"
If OptionButton2.Value = True Then Cells(Mrow, 2) = "女"
If CheckBox1.Value = True Then Cells(Mrow, 3) = "* "
…
End Sub
Private Sub CommandButton2_Click() '退出按钮
Unload Me
End Sub
```

(7)使用 Access 创建一个关于教师信息的数据库，字段包括 id、姓名、性别、年龄、职称、专业方向，通过 VBA 程序访问数据库，将年龄在 30～50 岁的教师显示到 Excel 表格中。

12.3.3　实验总结

(1)记录实验全过程，并写出实验报告。
(2)详细记录实验过程中遇到的问题，以及解决方法。

12.4　实验拓展

12.4.1　VBA 中调用 API

应用程序编程接口(application programming interface，API)是一些预先定义的函数，可提供访问特定软件或硬件资源的能力，开发人员无须访问源码，或理解内容工作机制的细节。API 一般封装在 dll 文件中，dll 文件中封装的每个函数都对外有提供接口，接口由函数名、参数表组成。

VBA 通用方法调用的举例如下：

```
Public Declare Function FindWindow Lib "user32" Alias "FindWindowA" (ByVal lp-
ClassName As String, ByVal lpWindowName As String) As Long
```

系统定义好的关键字有 Public、Declare Function、Lib、Alias、(ByVal As String, ByVal as String)、As Long。这些关键字的含义如下：

Public Declare Function："Public"全局的，"Declare Function"可以理解为定义一个函数。

FindWindow：自行定义的函数名。

Lib "user32" Alias "FindWindowA"：核心部分，Lib " user32"载入 user32. dll 文件，也可以写成 Lib " C：\ WINDOWS \ system32 \ user32. dll"，因为环境变量里面有设定系统路径，才可写成 Lib " user32"。Alias " FindWindowA" 中 FindWindowA 表示 API 对外的接口，也就是原始函数名，给它重新定义是防止重名。

(ByVal lpClassName As String，ByVal lpWindowName As String)：参数表，dll 文件的对外接口是兼容 C 语言的，VBA 是基于 VB 的，所以在 VBA 中就出现了这个异样参数表了。ByVal (by value)表示传值，"lpClassName As String"这个参数类型是对应 API 函数参数表，需要与 API 一一对应。

As Long：表示 API 函数的返回值类型。

以上这个 API 函数的作用是获取窗口在内存中的地址，这个地址就是窗口生成时在 Windows 中注册的名字(地址)，称为句柄。在 Windows 下有了句柄可以对控件进行很多操作，如提取控件名称、内容、控件类别信息、控件位置状态变动等，如 SetForegroundWindow hwnd，可将该窗体置于前台。

12.4.2　API 综合练习

实验要求：对 D 列姓名自动语音发声，当鼠标移动到屏幕右侧则退出程序，再单击运行按钮则从上次位置继续点名，请完善整体功能代码。

实验步骤如下。

(1)如图 12-9 填写内容。

(2)添加按钮控件，名称修改为"语音点名"。

(3) 添加模块，在该模块编写如下代码并完善空格部分代码。

(4) 双击该控件产生默认单击事件过程，再编写代码以调用上述模块内的"语音点名"过程。

相关 API 定义和点名过程函数如下：

```
    Public Declare Sub Sleep Lib "kernel32" (ByVal dwMilliseconds As Long) '毫秒单位,
"sleep 1"延迟 1ms
    Public Declare Function GetCursorPos Lib "user32" (lpPoint As POINTAPI) As Long
'获得 mouse 坐标
    Public iRowNow As Long '全局变量,记录当前点名位置
    Sub 语音点名()
    Dim iRow As Long, iSum As Long
    Dim x间隔 As Double, L屏幕宽 As Double
    Dim Savetime As Double
    Dim mouse As POINTAPI
    x间隔 =  3 '秒,设置发声间隔
    L屏幕宽 =  GetSystemMetrics(0) '获得屏幕宽度,与分辨率有关
    If iRowNow = 0 then iRowNow = 4 '首次从第 4 行开始循环
    iSum = [C65536].End(xlUp).Row '该列非空的最大行
    For iRow =  iRowNow To iSum
    _____ '点选该单元格动作
    Range("D" & iRow).Speak '对该单元格内容发声
    Savetime =  timer '记下从 0 点到现在的秒数
    While timeGetTime <  Savetime +  x间隔 '循环等待 t 秒钟
    DoEvents '转让控制权,以便让操作系统处理其他事件
    GetCursorPos mouse '获取鼠标位置
    If mouse.x >  L屏幕宽 *  7 /8 Then '若处于最右侧区域
    _____ '该行在 F 列单元格内容改为"旷课"
    _____ '该同学名字变为黄色
    iRowNow=  iRow '变更全局变量值"当前行位置"
    Exit Sub '函数退出时全局变量 iRowNow 值依然保持
    End If
    Wend
    Next iRow
    End Sub
```

A	B	C	D	E
		语音点名		
序号	专业	学号	姓名	性别
1	英语+软件	2014214241	洪永俊	男
2	英语+软件	2015213816	邓佳豪	男
3	英语+软件	2015213830	刘正华	男
4	英语+软件	2015213867	周俊松	男
5	英语+软件	2015213869	李金鑫	男
6	英语+软件	2015213871	曹靖松	男
7	英语+软件	2015213895	刘金	男

图 12-9　语音点名表

参 考 文 献

曹建国，范一星，万芳．2011．计算机选购、组装、维护与维修项目实训［M］．合肥：安徽科学技术出版社．

陈中亮．2015．计算机应用基础 Windows 7＋Office 2010［M］．上海：华东理工大学出版社．

国家职业技能鉴定专家委员会，计算机专业委员会．2005．办公软件应用（Windows 平台）试题汇编（操作员级）［M］．北京：北京希望电子出版社．

康亚宁，李虎．2014．计算机组装与维护实训［M］．重庆：重庆大学出版社．

李晓波，周峰，王征．2009．Excel VBA 2007 程序设计案例集锦［M］．北京：中国水利水电出版社．

全国计算机信息高新技术考试教材编写委员会．2001．办公软件应用（Windows 平台）中文 Excel 2000 职业技能培训教程（操作员级）［M］．北京：科学出版社．

全国计算机信息高新技术考试教材编写委员会．2001．办公软件应用（Windows 平台）中文 Word 2000 职业技能培训教程（操作员级）［M］．北京：科学出版社．

孙平，王雅静，张瑜．2014．办公软件应用（Windows 平台）Windows 7、Office 2010 试题解答（高级操作员级）［M］．北京：北京希望电子出版社．

孙勇，张媛．2004．办公软件应用［M］．北京：海洋出版社．

夏强．2006．Excel VBA 应用开发与实例精讲［M］．北京：科学出版社．

许芸．2014．计算机应用技术（Office 2010）实验指导［M］．杭州：浙江工商大学出版社．

姚珺．2012．大学计算机应用基础实验指导［M］．重庆：重庆大学出版社．

张南宾，赵小冬．2014．计算机基础综合技能与一级考试训练教程 Windows 7＋Office 2010 版［M］．重庆：重庆大学出版社．

附录 1   VMware 使用

虚拟机(virtual machine，VM)的产生给我们提供了很大的方便，因为它是在物理的计算机上虚拟出来的多个计算机，这样它可以帮助我们更加方便地去搭建实验环境，是我们学习系统一个非常好的工具。

现在市面上做 VM 软件产品的有两家——VMware 和 Microsoft，两个公司各自的产品读者可自行了解，本书以 VMware 公司 VMware-Workstation-6.5.1 为例进行介绍。

1   VMware Workstation 安装

VMware Workstation 的安装非常简单，只要按照提示单击"下一步"按钮就可完成，读者可自行完成。

2   VMware Workstation 介绍

2.1   VMware Workstation 常用工具

■：强制关机按钮，相当于真机中用 Power 关机。

▯▯：休眠按钮。

▷：开机按钮。

↻：强制重启按钮。

▣：显示或隐藏左边的收藏栏。

▣：全屏按钮。

▣：快速切换按钮，可以隐藏工具栏和菜单栏。

▣：显示 VM 硬件信息的按钮。

2.2   VMware Workstation 的简单使用

(1)打开 VMware 软件，如附图 1-1 所示，然后执行"File→New→Virtual Machine"命令，如附图 1-2 所示。

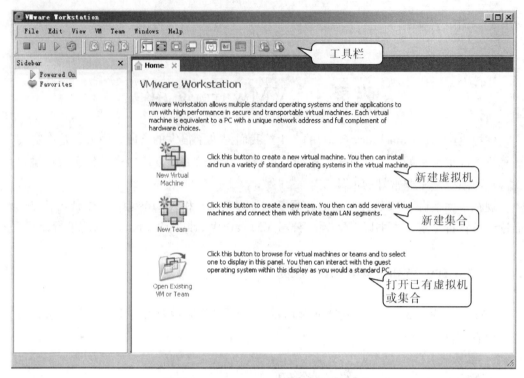

附图 1-1　VMware Workstation 主界面

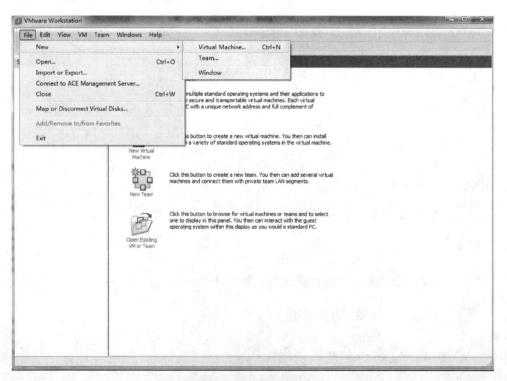

附图 1-2　创建虚拟机菜单

（2）出现创建虚拟机（VM）的向导，如附图 1-3 所示。

附图 1-3　注册虚拟机类型界面

（3）在附图 1-3 中，选择 VM 硬件情况，如网卡数量、硬盘等。在这一步骤中，选择"Custom（advanced）"，然后单击"Next"按钮，出现选择硬件特性配置界面，如附图 1-4 所示。

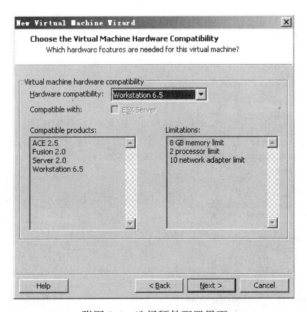

附图 1-4　选择硬件配置界面

（4）在附图 1-4 中选择"Workstation 6.5"，可以看到 VMware 配置的硬件资源信息，然后单击"Next"按钮，出现操作系统源文件选择界面，如附图 1-5 所示。

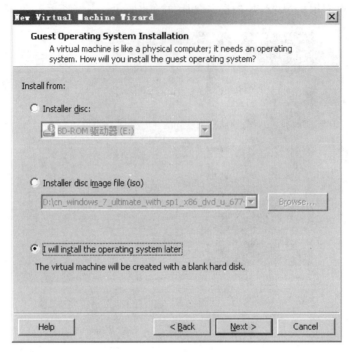

附图 1-5　操作系统来源选择

(5)选择 "I will install the operating system later"，单击 "Next" 按钮，选择 VM 要虚拟什么样的操作系统，如附图 1-6 所示。

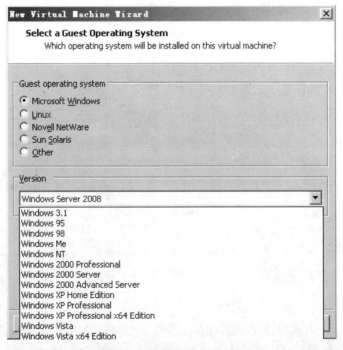

附图 1-6　选择操作系统版本

在 VMware 中，现在主流的操作系统都可以虚拟，主要包括这几类产品：Microsoft Windows、Linux、Novell Netware、Sun Solaris。还有其他一些不太常用的操作系统。在这里选择需要安装的操作系统，单击"Next"按钮。

(6)设置要安装的 VM 在 VMware 中的标识名称和 VM 所有文件所存储的路径，如附图 1-7 所示。

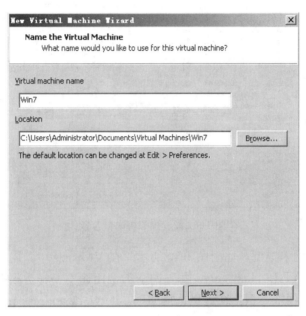

附图 1-7　设置虚拟机文件存储路径

(7)设置虚拟机处理器数量，如附图 1-8 所示。

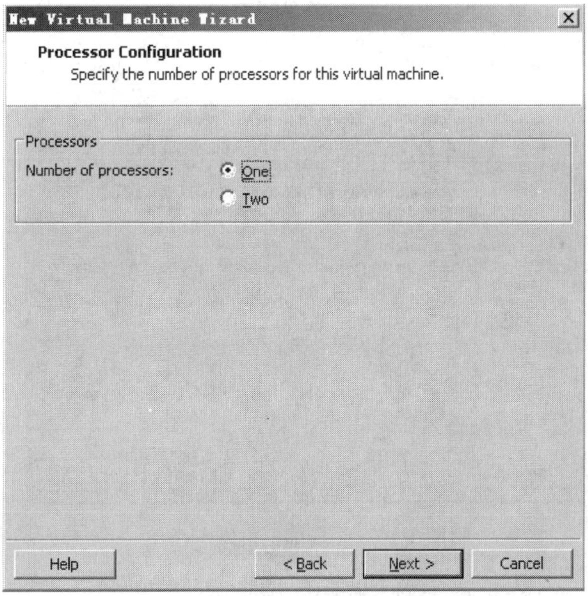

附图 1-8　设置虚拟机处理器数量

(8)设置虚拟机内存容量，如附图 1-9 所示。

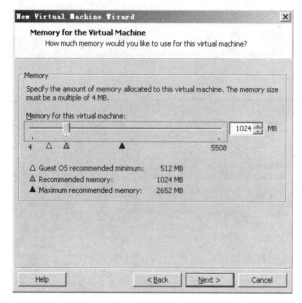

附图 1-9 设置虚拟机内存容量

(9)设置虚拟机网卡类型，如附图 1-10 所示。在 VMware 中，网卡类型通常情况下有三种：Bridge 、NAT 和 Host-only。每种网卡类型用途不一样。根据所搭建的具体网络可灵活选择不同的网络类型。在这里选择"Use network address translation(NAT)"，然后单击"Next"按钮。

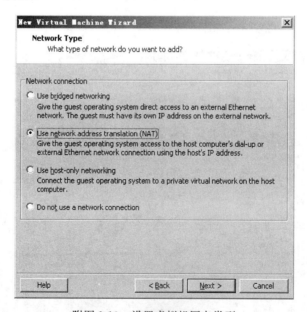

附图 1-10 设置虚拟机网卡类型

(10)设置虚拟机 I/O 适配器类型，如附图 1-11 所示。

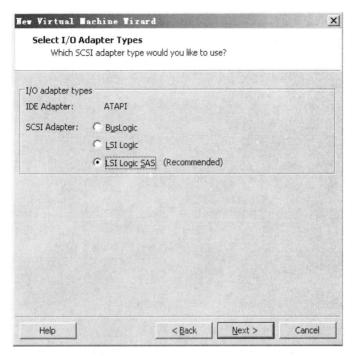

附图 1-11　设置虚拟机 I/O 适配器类型

(11)设置虚拟机磁盘类型，如附图 1-12 所示。

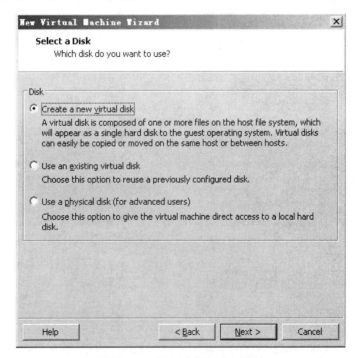

附图 1-12　设置虚拟机磁盘类型

(12)设置虚拟机磁盘接口类型，如附图 1-13 所示。

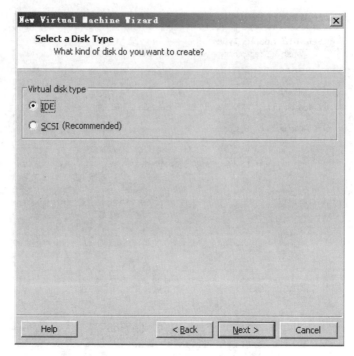

附图 1-13　设置虚拟机磁盘接口类型

(13)设置虚拟机磁盘容量，如附图 1-14 所示。

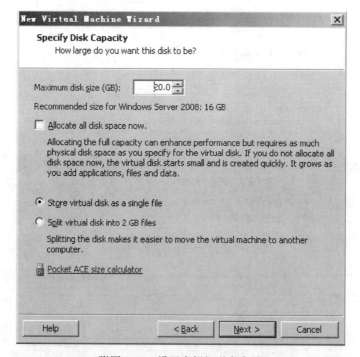

附图 1-14　设置虚拟机磁盘容量

(14)设置虚拟机磁盘在真机上保存位置，如附图 1-15 所示。

(15)单击"Finish"按钮，整个创建 VM 的向导结束，如附图 1-16 所示。

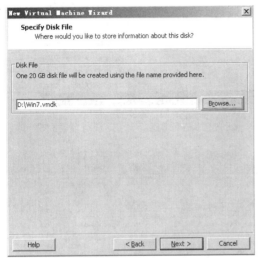

附图 1-15　设置虚拟机磁盘保存位置

附图 1-16　虚拟机配置完后显示的配置信息

(16)以下步骤是设置操作系统源文件路径，如附图 1-17～附图 1-19 所示。

附图 1-17　CD/DVD(IDE)设备设置菜单

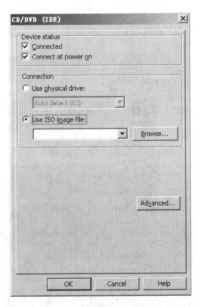

附图 1-18　CD/DVD(IDE)设置对话框

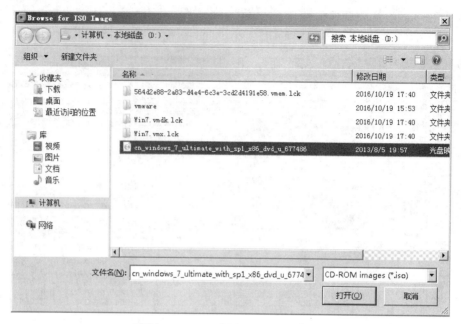

附图 1-19 ISO 镜像文件选择对话框

（18）单击工具栏中重启按钮 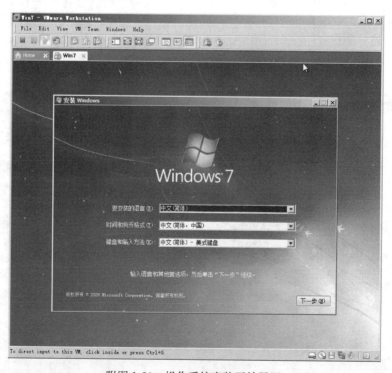，重启虚拟机，接下来进入操作系统安装向导，附图 1-20 为 Windows 7 操作系统安装开始界面。

附图 1-20 操作系统安装开始界面

附录 2 Linux 系统

1 Linux 介绍

严格来讲，Linux 不算是一个操作系统，只是 Linux 系统中的一个内核，即计算机软件与硬件通信之间的平台；Linux 的全称是 GNU/Linux，这才算是一个真正意义上的 Linux 系统。GNU 是 Richard Stallman 组织的一个项目，允许任何人任意改动，但是，修改后的程序必须遵循 GPL 协议。

一些组织或厂家将 Linux 内核与 GNU 软件（系统软件和工具）整合起来，并提供一些安装界面和系统设定与管理工具，这样就构成了一个发行套件，市面上常见的发行种类有 Ubuntu、Red Hat、Centos、Fedora、SUSE、Debian、FreeBSD 等。

2 Linux 系统安装

1）设置计算机的 BIOS 启动顺序

本例为光驱启动，保存设置后将安装光盘放入光驱，重新启动计算机，计算机启动以后会出现如附图 2-1 所示的界面。

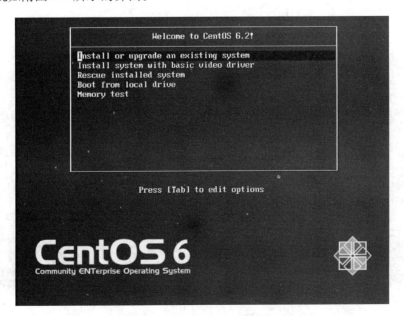

附图 2-1　CentOS 6.2 安装类型选择

通常使用以下两个选项完成系统安装或修复工作。

（1）安装或升级现有系统（install or upgrade an existing system）。这个选项是默认的，选择此选项，将在你的计算机上安装或升级 CentOS 系统。

（2）救援安装的系统（rescue installed system）。选择这个选项可进入修复界面，可修复 CentOS 系统在使用中出现的问题。

2）检测光盘介质

选择"安装或升级现有系统"后会检测系统硬件设备，如附图 2-2 所示，然后会检查光盘介质，如附图 2-3 所示，如果是一张完整的安装盘，可以直接单击"Skip"按钮跳过，否则单击"OK"按钮检测安装盘的完整性。

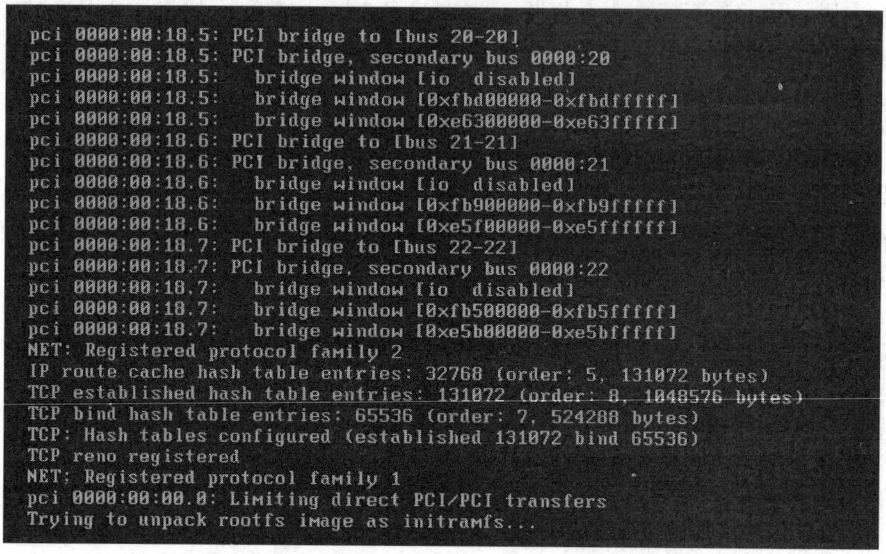

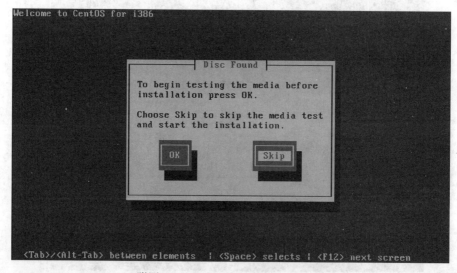

附图 2-2　CentOS 6.2 硬件检测

附图 2-3　CentOS 6.2 检查光盘介质

3）安装欢迎界面

当检测完硬件信息后，进入安装欢迎界面，如附图 2-4 所示。

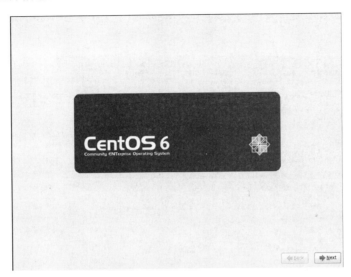

附图 2-4　CentOS 6.2 安装欢迎界面

4）选择安装过程中的语言

单击"Next"按钮进入如附图 2-5 所示的界面，选择安装过程中使用的语言，此处选择"Chinese（Simplified）"。

What language would you like to use during the installation process?

Arabic (العربية)
Assamese (অসমীয়া)
Bengali (বাংলা)
Bengali(India) (বাংলা (ভারত))
Bulgarian (Български)
Catalan (Català)
Chinese(Simplified) (简体中文)
Chinese(Traditional) (中文(正體))
Croatian (Hrvatski)
Czech (Čeština)
Danish (Dansk)
Dutch (Nederlands)
English (English)
Estonian (eesti keel)
Finnish (suomi)
French (Français)
German (Deutsch)
Greek (Ελληνικά)
Gujarati (ગુજરાતી)
Hebrew (עברית)
Hindi (हिन्दी)
Hungarian (Magyar)
Icelandic (íslenska)
Iloko (Iloko)
Indonesian (Indonesia)

Back　Next

附图 2-5　语言选择

5）选择键盘布局类型

选择完安装过程中的语言后，单击"Next"按钮进入如附图 2-6 所示的界面，选择键盘类型一般默认会选择"美国英语式（U. S. English）"，即美式键盘，在此使用默认的选择。

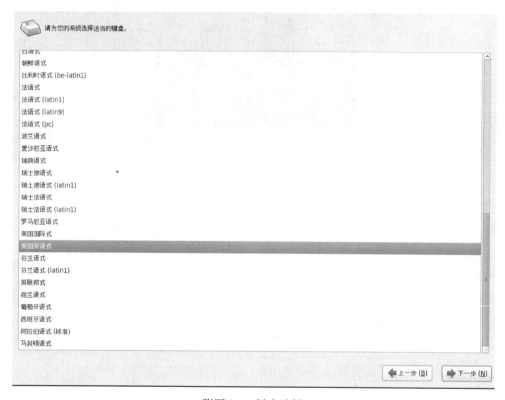

附图 2-6　键盘选择

6）选择设备

选择一种存储设备进行安装。"基本存储设备"作为安装空间的默认选择，适合那些不知道应该选择哪个存储设备的用户。而"指定的存储设备"则需要用户将系统安装到特定的存储设备上，可以是本地某个设备，也可以是 SAN（存储局域网）。用户一旦选择了这个选项，可以添加 FCoE/iSCSI/zFCP 磁盘，并且能够过滤掉安装程序应该忽略的设备。这里选择"基本存储设备"，单击"下一步"按钮，如附图 2-7 所示。

附图 2-7　存储设备选择

注意：基本存储设备用于台式机和笔记本计算机等；指定存储设备用于服务器等。

7) 初始化硬盘

如果硬盘上没有找到分区表，安装程序会要求初始化硬盘。此操作使硬盘上的任何现有数据无法读取。如果用户的系统具有全新的硬盘没有安装操作系统，或删除硬盘上的所有分区，则单击"是，丢弃所有数据"按钮，如附图 2-8 所示。

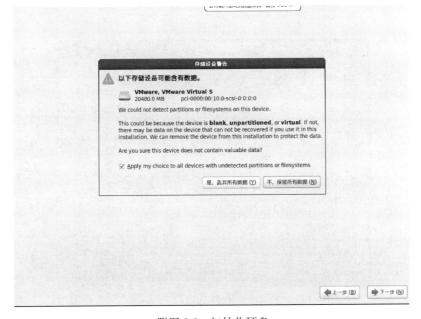

附图 2-8　初始化硬盘

8)设置主机名与网络

安装程序会提示你为这台计算机设置主机名以及配置网络,如附图 2-9 主机名设置为"CentOSTest"。

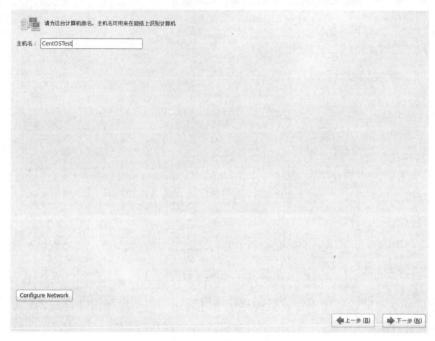

附图 2-9   主机名设置

(1)在附图 2-9 中选择"Configure Network",弹出如附图 2-10 所示界面,选择"有线→System eth0→编辑",在弹出编辑界面上选择"IPv4 设置",弹出如附图 2-11 所示界面。

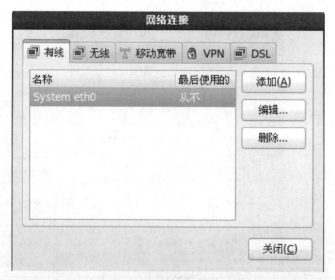

附图 2-10   网络连接设置界面

附图 2-11　IP 地址设置界面

（2）选中附图 2-11 上方"自动连接"前的选择框，然后打开"方法"边上的下拉列表，选择"手动"。

（3）单击"添加"按钮，依次输入本机的 IP、子网掩码、网关。在"DNS 服务器"处输入 DNS 地址。本例中设置如下。

主机 IP：172.22.120.189。

子网掩码：255.255.255.128。

网关：172.22.120.129。

DNS：202.202.32.33。

（4）单击"应用"按钮。

9）时区选择

因为全世界分为 24 个时区，所以要告知系统时区在哪里。如附图 2-12 所示，你可以选择重庆，或直接用鼠标在地图上选择。要特别注意 UTC，它与"夏令时"有关，不需要选择这个选项，否则会造成时区混乱，导致系统显示的时间与本地时间不同。

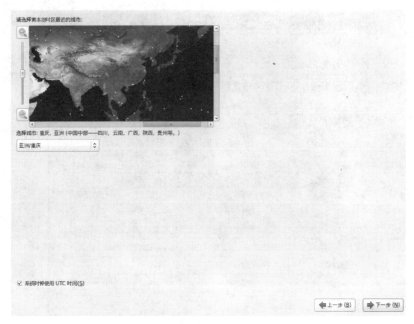

附图 2-12　时区选择

10)设置管理员密码(root 密码)

下面是最重要的"系统管理员的口令"设置,如附图 2-13 所示。在 Linux 中,系统管理员的默认名称为 root,请注意,这个口令很重要。至少 6 个字符以上,含有特殊符号,并要记好。

附图 2-13　设置管理员密码

11)磁盘分区配置

为方便大家分区硬盘，CentOS 预设给了我们分区模式，分别如下。

(1)使用所有空间(Use All Space)：选择此选项，将删除你硬盘上的所有分区(这包括如 Windows 的 NTFS 分区 VFAT 或其他操作系统创建的分区)。

(2)替换现有的 Linux 系统(Replace Existing Linux System)：选择此选项，会消除先前的 Linux 安装创建的分区，但不会删除其他分区(如 VFAT 或 FAT32 分区)。

(3)收缩现有系统(Shrink Current System)：选择此选项，收缩现有分区来为默认分区布局创建空闲空间。

(4)使用剩余空间(Use Free Space)：选择此选项，可保留当前的数据和分区，并只使用选定设备上尚未分区的空间，分区前应确保有足够的空间，然后选择此选项。

(5)创建自定义布局(Create Custom Layout)：选择此选项，你会在选定的存储设备上手动创建自定义分区结构。

如附图 2-14 所示，本书介绍自定义分区结构。

附图 2-14　选择分区类型

选择"创建自定义布局"，单击"下一步"按钮，如附图 2-15 所示。

附图 2-15　手动创建分区主界面

（1）创建"/"。

选择要分区的空闲空间，单击"创建"按钮，就会出现附图 2-16 所示界面。选择"标准分区"后，单击"创建"按钮，然后在附图 2-17 中选择挂载点"/"。

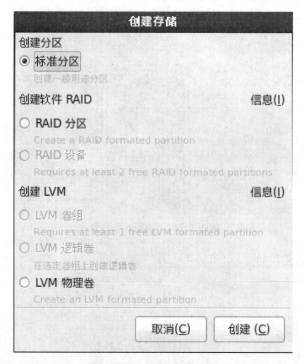

附图 2-16　创建分区界面

附图 2-17　"/"挂载点设置

令许多 Linux 的新用户感到困惑的地方是，各分区是如何被 Linux 操作系统使用及访问的。它在 DOS/Windows 中相对来说较为简单。每一分区有一个"驱动器字母"，可用恰当的驱动器字母来指代相应分区上的文件和目录。

这与 Linux 处理分区及磁盘储存问题的方法截然不同。其主要的区别在于，Linux 中的每一个分区都是构成支持一组文件和目录所必需的储存区的一部分。它是通过挂载（mounting）来实现的，挂载是将分区关联到某一目录的过程。

注意：在 Linux 系统分区中，必须有一个分区的挂载点要设置到"/"目录中，如果磁盘空间允许，可以创建更多分区，挂载其他目录，如"/usr""/home"等。

另外，在 Linux 中还必须创建交换分区（swap），交换分区的合理值一般为内存的 2 倍左右，可以适当加大。

SWAP：交换分区，是 Linux 下的虚拟内存分区，它的作用是在物理内存使用完之后，将磁盘空间（也就是 swap 分区）虚拟成内存来使用。

（2）创建交换空间。

创建方法同上，只是在"添加分区"界面，选择文件系统类型为"swap"。继续选择空闲空间，单击"创建"按钮，选择"标准分区"后，单击"创建"按钮。然后在附图 2-18 中将文件系统类型设置为"swap"。

该分区大小一般为内存的 2 倍左右，然后单击"确定"按钮。

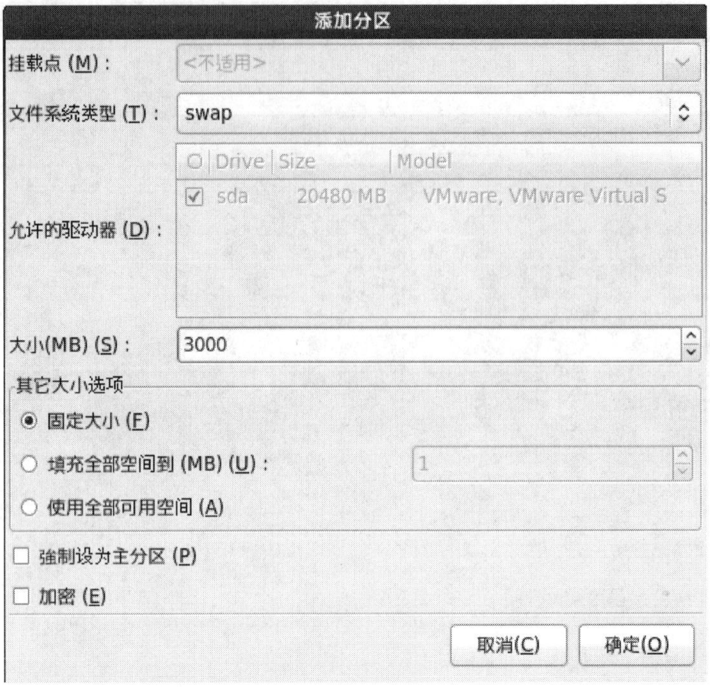

附图 2-18　设置 SWAP 文件类型

分区设置完后如附图 2-19 所示。

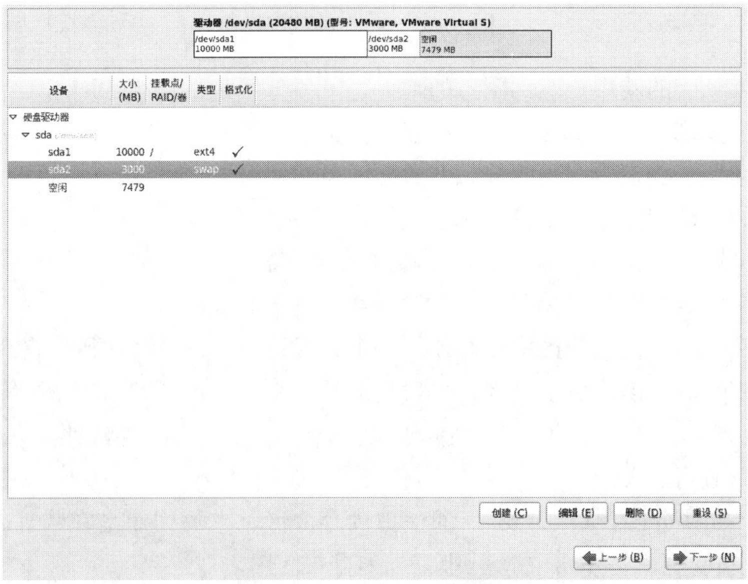

附图 2-19　分区设置后示意图

　　至此，分区已全部创建完毕，如果不满意，还可以单击"重设"按钮进行更改。如果确定，单击"下一步"按钮，弹出"格式化警告"界面，单击"格式化"按钮，如附图 2-20 所示。

附图 2-20　格式化分区

　　安装程序会提示你确认你所选的分区选项。单击"将修改写入磁盘"按钮，以允许安装程序在你的硬盘进行分区，并安装系统更改，如附图 2-21 所示。

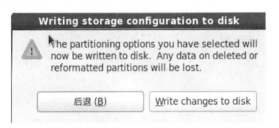

附图 2-21　保存分区修改

12) 引导装载程序设置

　　如附图 2-22 所示为 GRUB 引导安装窗口，可采用默认设置，直接单击"下一步"按钮。

附图 2-22　GRUB 引导安装窗口

13）选择安装的软件包

可选的服务器类型更多，而且默认安装是一个非常小的系统。本书选择"Desktop"，然后单击"下一步"按钮，也可选择"现在定制"，自定义安装软件包，如附图 2-23 所示。

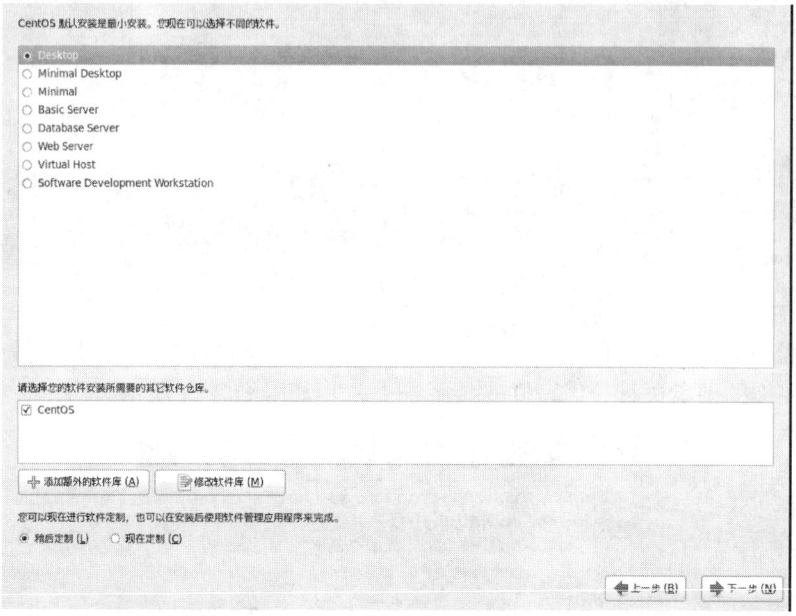

附图 2-23　软件包选择

可选的类型说明如下。

Desktop：基本的桌面系统，包括常用的桌面软件，如文档查看工具。

Minimal Desktop：基本的桌面系统，包含的软件更少。

Minimal：基本的系统，不含有任何可选的软件包。

Basic Server：安装的基本系统的平台支持，不包含桌面。

Database Server：基本系统平台，加上 MySQL 和 PostgreSQL 数据库，无桌面。

Web Server：基本系统平台，加上 PHP、Web server，还有 MySQL 和 PostgreSQL 数据库的客户端，无桌面。

Virtual Host：基本系统加虚拟平台。

Software Development Workstation：包含软件包较多，基本系统，虚拟化平台，桌面环境，开发工具。

14）开始安装 Linux 系统

开始安装。在安装的界面中，会显示还需要多少时间、每个软件包的名称，以及该软件包的简单说明，如附图 2-24 和附图 2-25 所示。

附图 2-24　安装初始化界面

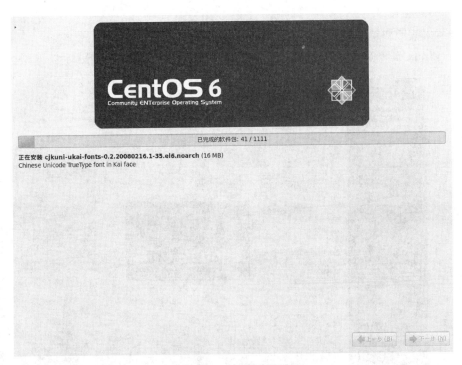

附图 2-25　安装过程界面

等到安装完之后，一切就都完成了。出现最后这个界面时，请将光盘拿出来，并单击"重新引导"按钮启动，如附图 2-26 所示。

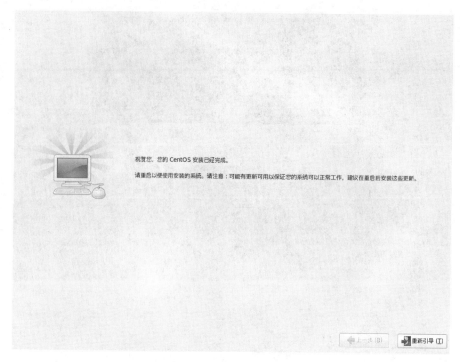

附图 2-26　安装完成界面

15)初始化设置

接下来按照提示完成系统初始化设置，本操作仅设置一次。

(1)Linux 系统安装完毕以后，"重新引导"便系统进入欢迎界面，如附图 2-27 所示。

附图 2-27　CentOS 6.2 欢迎界面

(2)设置许可证信息：单击"前进"按钮，进入如附图 2-28 所示界面。显示许可证信息窗口，选择"是的，我同意许可证协议"。

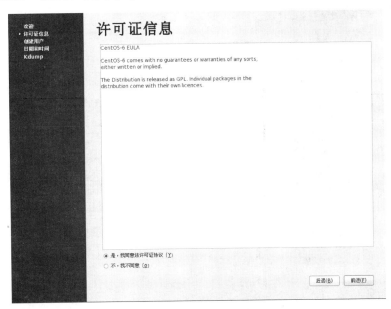

附图 2-28　设置许可信息

(3)创建用户：单击"前进"按钮，进入如附图 2-29 所示界面，在这里用户可以通过输入用户名、全名和密码创建一个普通用户的账号。假如不需要创建新的用户，直接单击"前进"按钮。

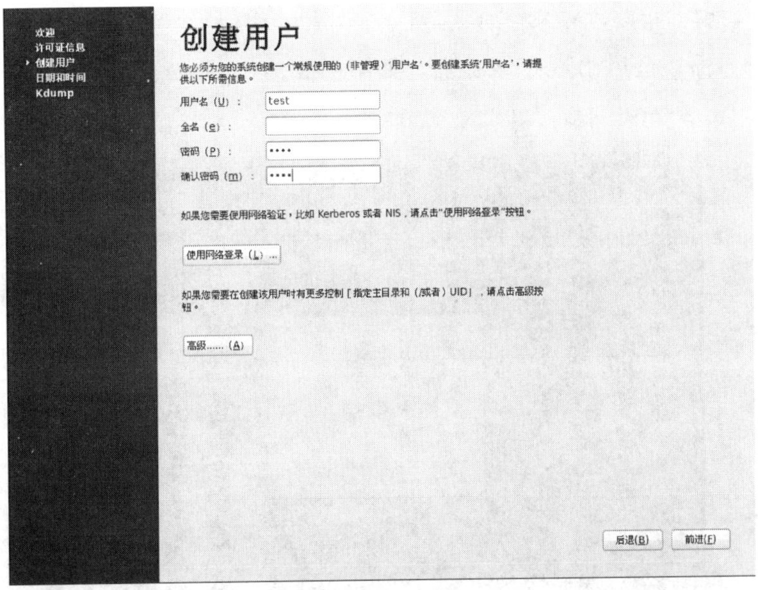

附图 2-29　创建用户

(4)设置日期和时间。在如附图 2-30 所示界面上，用户可以手工配置计算机系统的日期和时间，也可以通过连接在互联网上的网络时间服务器(NTP 服务器)为本机传输日

期和时间信息，并且可以和 NTP 服务器的时间同步。要启用时间同步的功能，需选中
"在网络上同步日期和时间"，配置完毕单击"前进"按钮。

附图 2-30　日期时间设置

　　(5)配置 Kdump 内核崩溃转存。单击"前进"按钮后，会出现 Kdump 视窗。什么
是 Kdump 呢？Kdump 即当核心出现错误时，是否要将当时的硬盘内的信息写到档案中，
而这个档案方便核心开发者研究当机原因。我们并不是核心开发者，而且硬盘内的资料
实在太大了，因此常常进行 Kdump 会造成硬盘空间的浪费。所以，这里建议不要启动
Kdump 功能。

　　(6)结束设置。步骤(5)设置完后，单击"完成"按钮。

　　(7)登录界面。最后出现登录界面，如附图 2-31 所示，安装后的初始化过程到此
结束。

附图 2-31　登录界面

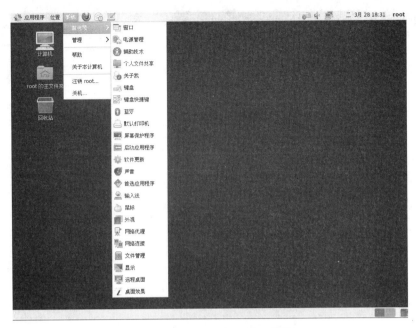

附图 2-32　CentOS 6.2 桌面环境

　　Linux 系统中多数配置都是通过 shell 命令完成的，要进入 shell 命令输入窗口如附图 2-33 所示，执行"应用程序→系统工具→终端"命令，在附图 2-34 所示窗口即可录入相应 shell 命令。

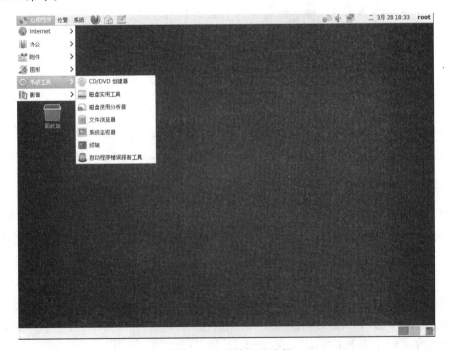

附图 2-33　系统工具选择

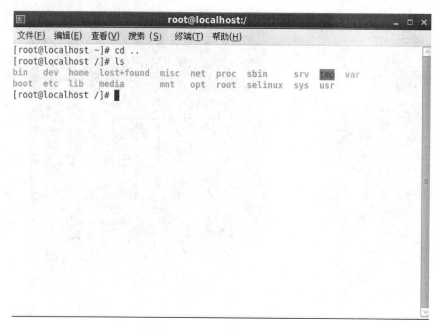

附图 2-34　shell 命令输入窗口

3　Linux 基本命令

进入 Linux 文本界面后，映入眼帘的是各式各样的文件、目录(统称档案)等，并用不同颜色标注档案的类型，如附表 2-1 所示。

附表 2-1　Linux 中颜色与档案类型对应表

颜色	档案类型
蓝色	目录
绿色	可执行文件
红色	压缩文件
灰色	其他文件
浅蓝色	链接文件

用户可根据颜色提示找到所需的档案。Linux 系统下开设服务大多在命令下完成，因此，属性常用命令对于运行 Linux 系统有极大的帮助，以下就介绍常用命令的语法规则。

1)系统命令

注销：shell 提示符下：logout 或者 exit 或者按 Alt ＋ F2 键。

重启：reboot 或者 shutdown - r now。

关闭系统：halt 或者 init 0。

init 命令：系统运行级别切换 init ＜num＞（num 指 0~6 任何数）；

注意，Linux 系统任何时候都运行在一个指定的运行级别上同，如附表 2-2 所示。

附表 2-2　init 命令参数表

运行级别	说明
0	系统停机状态
1	单用户工作状态
2	多用户状态(无 NFS)
3	多用户状态(有 NFS)
4	系统未使用，留给用户
5	X11 控制台
6	重启系统

runlevel：查看当前系统运行级别。

clear：清屏幕。

2)远程登录

采用 SecureCRT312 软件。

3)软件包启动选择和系统设置

ntsysv：设置系统的各种服务。

setup：系统设置。

4)帮助命令

获得帮助：man ls 或 ls——help。

5)用户操作

useradd 、adduser：新增用户如 uscradd test（test 为用户名）。

passwd ：改变用户口令如 passwd test（改变 test 用户口令）。

su：转换为另一个用户命令如 su test（转换到 test 用户）。

exit ：注销用户。

6)文件、文件夹操作

Vi：编辑文件，如果文件不存在则创建文件。

进入编辑状态：按 a 或者 i。

按 Esc 键退出编辑状态。

保存修改，在退出编辑状态后"：w"，退出 vi"：q"，保存修改并退出"：wq"。

mv ：文件重命名，移动文件：mv hello hi mv hello /home。

mkdir：新建文件夹：mkdir hello。

rmdir：删除空文件夹。

rm ：删除档案及目录，相应参数如下。

i 删除前逐一询问确认。

f 即使原档案属性设为只读，也直接删除，无须逐一确认。

r 将目录及以下之档案亦逐一删除。

范例：

删除所有 C 语言程式档；删除前逐一询问确认：

```
rm - i * .c
```

将 Finished 子目录及子目录中所有档案删除：

rm - r Finished。

cp：复制文件、文件夹，若文件夹内还有子文件夹应加－r 参数：cp hellp /home－r。

ls：列出当前目录下内容，－a 参数表列出所有(包含隐藏文件)，－l 参数表列表格式并列出属性：ls －la hello。

cd：切换目录，cd .. 返回上层目录，cd /到根目录，cd －到前一个目录，cd ～跳到自己的 home directory。

pwd：显示当前路径 pwd。

less：显示文件内容 less httpd. conf。

more：显示文件内容 more httpd. conf。

cat：显示文件内容 cat httpd. conf。

less、more 显示文件内容要分页。

7) 压缩解压命令

很多文档后缀名为".tar.gz"，压缩与解压示例如下。

解压：tar zxvf FileName. tar. gz。

压缩：tar zcvf FileName. tar. gz DirName。

其中、FileName、DirName 均为文件名。

后缀名为".zip"，压缩与解压示例如下。

解压：unzip FileName. zip。

压缩：zip FileName. zip DirName。

当然 Linux Shell 命令还有很多，本书不一一列出，有兴趣的读者可参考相关资料自行学习。